光明社科文库

信念认识论

喻佑斌 ◎著

光明日报出版社

图书在版编目（CIP）数据

信念认识论 / 喻佑斌著 . --北京：光明日报出版
社，2020.3
ISBN 978-7-5194-5636-8

Ⅰ.①信… Ⅱ.①喻… Ⅲ.①信念—研究②认识论—
研究 Ⅳ.①B848.4②B017

中国版本图书馆 CIP 数据核字（2020）第 034407 号

信念认识论

XINNIAN RENSHILUN

著　　者：喻佑斌

责任编辑：郭思齐　　　　　　　　责任校对：刘舒婷
封面设计：中联学林　　　　　　　特约编辑：张　山
责任印制：曹　净

出版发行：光明日报出版社
地　　址：北京市西城区永安路 106 号，100050
电　　话：010-63139890（咨询），63131930（邮购）
传　　真：010-63131930
网　　址：http://book.gmw.cn
E-mail：guosiqi@gmw.cn
法律顾问：北京德恒律师事务所龚柳方律师

印　　刷：三河市华东印刷有限公司
装　　订：三河市华东印刷有限公司
本书如有破损、缺页、装订错误，请与本社联系调换，电话：010-63131930

开　　本：170mm×240mm
字　　数：228 千字　　　　　　　印　　张：17
版　　次：2020 年 3 月第 1 版　　　印　　次：2020 年 3 月第 1 次印刷
书　　号：ISBN 978-7-5194-5636-8
定　　价：95.00 元

序

在命题"S 相信 P"中，笛卡尔、康德和胡塞尔所代表的传统关心的是"S"，即知识如何可能的问题：S 如何切中 P？现代经验主义则主要关心"P"，即我们所拥有的那些信念。本书将"S 相信 P"作为一个整体加以审视，主张是"相信"而不是"知道"扮演着更为基本的角色。让知识论聚焦"相信"，凭借"相信"直接经验和并不必然的归纳结论，可以让认识与行动得以启步；经由"相信与怀疑的不对称关系"，知识可以不断增长，而与基本信念不一致的假说将被质疑，那些有根据加以确定地否定的假说则将被拒斥；信念系统内在的一致性通过"辩护"得以实现。信念作为指导原则，它启动并维持有目标、有计划的行动。

用信念给知识下定义需要考虑命题性的知识之外的知识形态，即操作的知识。在排除了操作的知识这一类别的情况下可以说，就命题性的知识而言，知识是得到辩护的真信念。给信念提供辩护的可以是自明的必然真理或者是直接的感官经验。

操作的知识，是那些凭借示范和模仿就能传播的关于如何行动的知识。由于它们不像命题性的知识那样可以用知道的命题和相信的命题加以比照，知道如何行动（"knowing how to do something"）的行动知识里面，找不出一一对应的为行动者相信的命题（并不存在"believing how"这样的对应信念）。事实上，在知道如何去行动的操作的知识可以有不同的方法写出无数条命题（即表达为"knowing that"形式的命题性的知识条目）。这构成了操作的知识很特殊的一面。在行动中行动者知道很多（即使他不会阅读和书写），不仅仅知道那些命题性的知识（能够就那些命题性的问题做出正确回答），他还能够通过行动去践行那些信念，通过成功证明自己确实知道，并且在行动中创造新的操作的知识。行动者其行动受到信念的指导，他人的信念、先辈的信念作为公共信念库为行动者提供了丰富的滋养。我们的意向与满足需要的目标的结合产生出愿望，在信念的指导下，认知和决策机制会评估愿望的强度、环境的合适度、采取满足愿望的行动的风险以及实现目标的可行性并就是否采取行动做出决定。认定实施行动的可行性和行动方案之后，行动将付诸实施。行动结果的好坏与成败都会在我们的认知系统中受到评估。行动使我们获得新的信念、新的操作知识。操作的知识体现为我们行动的能力和效率，它是我们从行动中获得的新信念的践行，是我们从他人和先辈流传给我们的命题性的知识的践行，也是我们通过实践活化那些命题性的知识、创造新知、丰富行动能力的认识环节。行动在认识中扮演着一个很特别的角色。本书试图通过厘清信念、认识与行动的关系对认识论问题做一种转换视角的审视。

目　录
CONTENTS

导论

"相信"的认识论意义

就个体的认识者而言，比其"自我意识"更早，"接受"是其与经验现象相遇的基本方式。在"接受"里，认识者没有任何针对对象的怀疑与批评，也没有赞成与相信，而是在"接受"中逐渐建构着"我的世界"，形成关于"现象"的分辨与判断，形成了自我意识以及主客关系。换言之，意识最初无选择地接受所有"被给予的"感知经验并"形成观念"。"自我意识"按"内在的一致性"对新的"被给予"抱持确定的或者不确定的态度：相信，并有区别地对其中某些部分持有"确定"的（肯定或否定）态度；"怀疑"则有区别地对其中某些部分抱持"不确定"的（肯定或否定）态度。"自我意识"在认识活动中扮演着重要角色，它是认识者从主观上相信任何事物从而认其为"真"的基础。

相信是确定的肯定态度（确定的肯定态度对应的表达是"S 相信P"，与这种态度相关的行动是：S 会基于他相信 P 采取相应的行动；确定的否定态度对应的表达是"S 不相信 P"，与这种态度相关的行动是：S 不会采取基于他相信 P 的相应行动），是按照相信者内在一致的、既有标准持有的确定肯定态度。从某种意义上说，认识者在相信中通过认知、情感和意志表达的确定态度内在地奠定并扩展"我的世界"。

与相信相对的是怀疑。怀疑是不确定的否定态度。怀疑正是在"S 不再对 P 持有确定的肯定态度"或"使被确定者处于不再被确定态度之下"这一含意上是与相信（S 相信 P）相对立的。

在我们讨论的认知语境中，那些较为简单和直接的信念是其他信念的基础或前提。这些特别的信念就是一定语境中的"基本信念"。在科学知识的语境中，知识和理论都是基于一定的基本前提的。这些基本前提恰恰就是假说、理论或学科赖以确立的基本信念。信念并非一定在理性上确切而明白，而是（在情感上）为人认同、（在意志上）为人坚持的。信念被持有者在主观上肯定地认作确实、可信，并实际地依照这些确实、可信的信念采取行动。奥古斯丁和笛卡尔都曾关注过怀疑，怀疑方法并没有使他们达到一致的具体目标，但却让他们达到了同样的态度——相信。尽管他们分别相信了不同的东西。显然，在他们经由怀疑方法达到相信之前，他们也曾相信过其他的东西，但这是不同的相信。前者始终在怀疑的阴影之下，后者则经由对怀疑的怀疑达到了相信。由于怀疑不再像奥古斯丁和笛卡尔之前那样具有动摇一切信念的能力，于是，笛卡尔认为自己的哲学找到了可以免于怀疑主义破坏的坚实基础。

从某种意义上讲，信念对于认识和行动的意义就像确定一个圆心对于画一个圆的意义。

哲学家跟常人一样，他们因相信而确立一些命题，进而相信更多的命题；因怀疑而动摇一些命题，进而重新确立其中一些命题，拒斥另外一些命题。只因太专心于所相信或怀疑的对象，不少哲学家坚持认为他们的哲学是纯粹理性的思索，认为"信念"之类仅仅只是求知的结果，认知在先而信念在后。由于信念经常因种种"理由"而遭到否定或被转换，所以就更像是被动的和次生的。信念不只是认知的结果，深究起来，信念也在认知的源头。因为从认知如何能够开始和向前推进的角度看，它恰恰是认知活动的起点。实际上，信念贯穿在认识活动的各个环节、各个层次。

理性主义哲学向来将逻辑和理性当作最清晰明了和确实无误的。知识的确实性正是来自理性和逻辑的确实性。理性主义哲学家们完全忽视了在他们的哲学中大量使用的"怀疑"与"相信"。他们默认地用"怀疑"和"相信"来表达自己的态度，并不介意它们在哲学中充当的角色。他们与经验主义站在相反的立场，坚称"唯有理性知识才是可靠的"。实际上，没有一个支点，逻辑的杠杆再有力也橇不起来任何东西。如果我们从一开始就什么都不相信，或者干脆从不妥协地怀疑一切的"彻底的怀疑主义"开始，像皮浪主义那样，我们的理性再"确实"，到头来也只能是：不做判断。

关于逻辑的确实性问题，休谟的批评是很切中要害的。如果通过相信，"概念"就是可以成立的，有什么必要还要"判断"？还要"推理"？既然通过相信能够使最基本的"概念"——对一个或较多的观念的简单观察——成立，既然能够这样形成只含有一个观念的命题，我们当然无须应用两个观念，更无须求助于第三个观念作为它们之间的中介，就可以运用我们用于"概念"并使其成立的认知能力去针对一组观念的复杂观察。为什么不呢？判断和推理的确实性根源于相信"概念"，从而赋予"概念"的确实性。在从概念到判断、再到推理的逻辑程序中预设了两种原则：一是通过相信达到的确定性——概念的确定性；二是经由演绎规则的确定性扩展而来的确定性。概念之所以能够成立，并不是由于它是演绎地确实的，而是由于我们相信"概念"，因而相信了我们所想象的事物之中由我们交托给"概念"、由它代表的真实。判断和推理则是基于概念和推理规则的。因此，判断与推理的确实性不大于概念的确实性。而概念的确实性来源于"相信"而非推理。

哲学和科学的学说如果没有一个靠相信赋予其确实性的基本前提，它就是不能可靠地展开的。一定的科学传统和学术共同体如果剔除其中的公共信念，它们也将不复存在。因此，是相信，是由于有了信念，我们的理性才有了支点，以一定的信念为前提的理性思考才能产生确实的"知识"。这些"知识"恰恰又是带有普遍性的公共信念。

近代哲学以理查德·杰弗利的主观概率论为先导，开始重视信念在哲学中的重要性。波普"猜测的知识"以及证据的"约定性"、库恩的"范式"等无不体现了"信念"在哲学中受到的重视。一些著名的哲学家开始认为，哲学的根本问题是信念以及信念之间的关系问题。一些重要的信念问题也受到了认真的讨论，诸如：信念的确实性问题即我们如何得到确实无误的信念；信念得到什么样的辩护才是可以接受的；信念与知识及真理的关系问题；等等。不过许多哲学家并不在他们的哲学讨论中直接使用"信念"一词。在他们的专业词汇表中常见的是："假说""概念""判断""理论"和"知识"。

基础主义把纯观察陈述或理性的第一原理作为知识出发点，逻辑规则则是信念变化的规范；反基础主义把我们现有的文化处境当作知识的偶然的出发点，主张没有哪一具体信念不可动摇，但要求我们在确信某些信念的前提下才能具体地怀疑与之矛盾的信念，而且不能同时怀疑所有的信念。

归纳主义的核心是研究观察陈述对非观察陈述的支持程度，演绎主义的核心是研究某些信念具有什么样的逻辑后承。我们的信念，正如蒯因和罗蒂所主张的，是一个信念之网。在这个信念网中，并不存在事实信念与价值信念之间的绝然区分，也不存在逻辑必然的信念与描述性的信念之间的绝然区分。而"相信"作为一种认知态度，在我们的认识活动中默认地扮演着重要的角色。正是由于我们总是有所相信，依照一定的信念，我们的理性才有所成就。

认知科学或心智哲学中，新近关于信念的研究将主要兴趣放在了从行为主义、功能主义、生理心理学或语言哲学角度对"信念"概念做出界定。甚至有人竭力主张，在"科学的""认知心理学"和"心智哲学"中以取消"信念"为目标。然而，信念研究的主要任务应该是辨明信念在已有的认识活动中扮演的角色，通过对这一角色的考察，发现一些潜藏在我们的求知活动中与"相信"和"怀疑"有关的认识论问题的答案。

信念问题的重要性特别表现在它直接与我们的行动相关。它不仅是我们据以行动的根据，还是我们对他人行动有所了解（就对他人行动的说明而言）和对他人行动能够加以预测（就对他人可能的行动的判断而言）的根据。

在就一定"域"进行的信念分类中，被人忽略的是除了"范式"中的基本信念和派生信念之外，广泛渗透到范式之中的默认信念。默认信念是许多我们在认知活动中不加解释的、"不加言明的"起基础作用的信念集合。在对特定信念进行的辩护中，除了直接的感官经验和自明的必然真理之外，我们更多地借助这种范围广泛的默认信念。为这些默认信念所支持的并没有明确理由的那些公共信念，我们不加区别地都称作"共识"。细究默认信念集合，就可能回到维特根斯坦（Ludwig Josef Johann Wittgenstein，1889—1951）的"世界图景"或者个人"神话"。对默认信念的揭示，有助于解决库恩的"范式不可通约"问题。在多大程度上不能否认范式之间共同的默认信念的存在，范式就在多大程度上并非不可通约。文化冲突中基本的因由就在于相关默认信念系统之间的冲突。在这种意义上讲，文化之间深层根源的共同性和兼容性更好的全新文化的成长将是文化交流不断深入的成果。

科学与求知的实际境遇，并非如基础主义所说是立于绝对可靠的某个基础之上的。科学之依信念而确立，因怀疑而更新的历程有如皮尔士"沼地长征"[①] 的比喻，有如纽拉特的"海上修船"[②] 的比喻。科学以既有的信念为基础，无论这信念如何地与"事实本身"相去甚远，如

[①] 皮尔士（Charles Sanders Peirce，1839—1914）说，真理是长征要达到的无穷遥远的目标，我们的脚下并不坚实。如果我们发现脚下的沼地在下陷，就必须赶紧迈开脚步，寻找坚实一些的立足支点。

[②] 纽拉特（Otto Neurath，1828—1945）把科学比作海上的航船，科学家"水手"们只能在船上修船，因为没有一个科学之外的码头可供他们立足。于是，尽管每一块板材都是可以抛弃的，但他们不能同时抛弃所有的板材，报废整条船。因为没有另外一条更完美的船在码头等着他们。

何可能被认为不确实，犹如脚下的沼地，犹如海上的航船，但自从有了信念，科学家就可以启程，开始他的探究，并在探究中劳有所获。着眼于信念而不是绝对真理，主要的目标是要通过考虑科学实际上做了些什么，来思考科学到底能够做些什么。

第一编 01

| 信念的确立与转换 |

从信念认识论的角度看，认识深化的过程也是信念确立和转换的过程。在实际的认识过程中，关于认识对象我们是怎么形成观念，进而相信或是怀疑的？

第一章

相信与信念

哲学似乎更注重知识与真理。尽管"相信"和"怀疑"在哲学著述中随处可见，而且就动词"相信""怀疑"也曾有过不少著名的讨论，但关于"相信"和"怀疑"并没有专门的界定。大家都在按照默认的理解在论述中使用。实际上，我们声称"相信"的时候时常并未真正注意到"相信"在我们所做的宣称中所起的各种作用。同样的，在我们断定一个十分肯定的结论的时候，时常一点也没有觉察到其中与我们的"相信"态度的关系。

"相信"与哲学讨论中常用的其他动词有些不同，在诸如"认为""考虑""主张""建议""反对""说明"等动词中，言说者的态度并不直接寓于所言说的内容之中。但相信（和怀疑）则恰恰直接而且明确地包含了言说者的态度。深究这种态度在认识过程中的作用，从某种意义上讲，带有根本的重要性。因为紧随认识者的这种态度不仅出现在认识之初，认识之中，出现于认识成果之中，还贯穿于认识者的行动之中。既然认识者的态度与认识活动之间的关系不是偶然的，自然也就有了加以讨论的必要。

为人所信且作为其行动指导原则的内容就是信念。信念可以表达为命题（这一点上，表象的知识也可以表达为命题）。我们说"S 相信 P"时，也就是说：P 是 S 的信念。信念的作用就是从实践上，在一定的"域"（domain）中给定一个起点，在此起点基础上有可能进行探究，从而有可能就该域形成一种假说，建立一种学说或构筑一个体系。在理论上则由基本信念提供一个可供推论的基本前提，使得基于这一基本前提的理论能够借语言和逻辑以定义、公理、定律、定理等形式展开。

从确定的肯定态度到一个特殊的指导行动的信念有几个层次的分别。即态度可以是一种没有特殊指向的内在精神状态，态度也可以是有特殊指向的，它可以指向事态（可以属于内在的纯个人的经验或者外在的经验。这些经验有可能并不能完全表述清楚），也可以指向对事态的描述（这些表述出来的经验可以经由公共的表述方式在认识者之间交流）；那些为认识者确定地肯定的事态描述或命题，当它们被作为行动的指导原则时，它们才是认识者的信念。因此，在使用动词"相信"和名词"信念"时，它们所表达的"确定性"含义是有分别的。"信念"是持有者（S）对某个事态描述（P）的确定的肯定态度。它的基本形式是"S 相信 P"。我们也常常说："P 是 S 的信念""S 持有信念 P"或"对于 S 来说，P 是真的"。

有哪些并不是我们的信念，但却作为我们的所信呢？换言之，有怎样的一种事态描述，我们相信它是真的，但却并不依照它去行事呢？这样的"事态描述"是有的。比如，在定量实验中，个别的测量值（如水在标准条件下的沸点为 99.975℃）由于是依照严格的程序和规范操作得到的，我们都"相信它是真的"，根据定义，它就是我们的所信。当大量的测量结果表明该数值在统计上收敛到一定的浮动范围以内，我们据此将测量结果确定为一个常数（如水在标准条件下的沸点为99.973℃，在更粗略的计算中通常约定为 100℃）时，这一个常数就被作为一个肯定的结果在所有相关的实验中起指导作用。作为个别测量结果的数值是所信，而作为常数的那个特殊数值则是信念。"信念"在本书中的用法与英文的"belief"，以及中文"人生信念""理想与信念"等有所不同。相对于英文的"belief"，这里界定的"信念"要狭窄。"belief"相当于前面定义的"所信"。相对于"人生信念"中的"信念"含义，这里界定的信念更宽泛。前者特指关涉人生观的某些基本信念，后者则泛指所有为人相信并据以进行行动的"所信"。"人生信念"的"信念"在中文中往往是褒义的，比如，说"有"（或"没有"）信念，往往默认地意味着正面的、积极的、高远的人生目标，不说坏人有作恶的信念只说好人有行善的信念。而这里界定的"信念"则没有这样的分别，它主要从认识功能上、从确定性的源起上与"怀疑"（名词）相区别。因此，不可以简单地在"belief"和中文口语（如"人生信念"）中的"信念"和本书界定的"信念"之间完全画等号。

第一节　相　信

在前面关于不相信的讨论中，提到不带怀疑的不相信。对于那些我们尚无鉴别力、尚未加以判断并因而怀有任何肯定或否定态度的事情我们"不相信"，但同时也并不意味着我们"怀疑"。这是完全对其"无知"或仅仅简单"观念形成"的状态。在那种状态下既不相信也不怀疑。幼儿时代对周围的事物既谈不上相信，也谈不上怀疑。这时候的愿望主要由他人辅助满足，比较与评价的能力还有待成长。自我意识尚未完全形成，当然就没有以自定出发点为特征的相信了。

一、从观念形成到相信

心理学上有关于感觉、知觉、记忆以及想象、思维等的界定。由于这里关心的主要是与认识活动中的态度有关的因素，所以将心理学中属于"知"的范围，即对于对象的感觉、知觉、记忆等，称作"观念形成"，并把想象、思维等因素参与其中的部分也作为"观念形成"。想象、思维等对已经初步形成观念的部分进行进一步的加工，其中涉及对于对象按照一定标准和方式进行比较和评价。尽管层次不同，这一部分依然属于"观念形成"。意识中的那一部分"观念形成"就是认知活动（这样"观念形成"就是指心理学上的整个认知活动），它与潜意识的"观念形成"扮演的角色很不相同，它是"相信"和"怀疑"共有的原初阶段。当然，这里的"观念形成"没有"同意""赞成""认可"之类的含义（这些含义只在"相信"当中），主要是"获得"（acquire）"领会"或"理解"（understand）"怀有或考虑"（entertain）等较中性的意思。就与态度的关系来说，如果根本没有在这种意义上就任何命题"形成观念"，自然就谈不上相信或者怀疑的态度。

由此可见，感觉、知觉、想象、推理、思维等认知活动既在"相信"之中，也在"怀疑"之中。认知是怀疑与相信所共有的。就辩论而言，如果不能完全忠实地领会对方的原意，那就该命题所做的"观念形成"就是不合适的。这种情况下，接下来的辩论很可能完全是辩论双方因不合适的"观念形成"导致的不相宜的情感与态度的冲突，不会是建设性的，而且很难有谁说服对方或被对方所说服的结果。

休谟在谈到"相信"时说："一个对象的观念是对于这个对象的信念的一个必需的部分，但并不是它的全部。我们可以想象许多我们并不相信它们的事物。"[①] 这里，可以在相信中也可以在不相信中进行的"想象"，就属于上述意义上的中性的"观念形成"范围。

个人对于"所予"的这种"观念形成"是逐渐地在性质上有分别的。所以，就整个发展过程来讲，"观念形成"有两种相应的形式：其一，可以是指自我意识成长早期，在将"它"与"我"分开之前，意识是不加分辨地简单形成观念的，这时候的"观念形成"还没有带有个人的态度；也可以是指自我在判断之前尚未对被判断对象采取任何态度（无所谓相信、怀疑），即就对象暂未做出评价，并因此抱有肯定或

---

① 休谟. 人性论 [M]. 关文运，译. 北京：商务印书馆，1983：112.

否定的态度之前的"观念形成"。这里，如果自我面对的是他人提供的命题或理论，则"观念形成"就意味着懂得命题或理论所要传达的意思。其二，是指自我就对象经过一番（来自自己或来自他人的）怀疑，终于判明以后，重新确认，这是在第一种"观念形成"基础上从更高度认知水平上的确认，它仍然指不包括态度的那一部分认知，但这种"观念形成"就与个人态度的相关性而言，就只是相信所特有的了。通常我们就是在这一意义上使用它的。这种情况下，判别需要有一定的标准、方法以及关于被判别对象的描述。进行当前判别所需的这些标准、方法以及描述所采用的规则等，有些仍然是来自前一种方式的简单"观念形成"，另外一些则已经受到过批评和检验，经历了怀疑和重新肯定。

"相信"一词在英语中即为"believe"，作及物动词意为：①接受为真的（true）的或现实（real）的，②真诚信任（To credit with veracity），③预期（expect）、设定（suppose）、认为（think）。作不及物动词意为：①有坚定的信仰，尤其是宗教信仰（faith），②有信仰（faith）、信心（confidence）或信任（trust），③对某事的真实（truth）或价值（value）有信心，④有某观点、认为。① 除去近似于预期（expect）、假设（suppose）、想、认为（think）或有某观点（to have an opinion）之类的用法之外，其他解释都不同程度上带有动词主语的情感色彩，有动

---

① *Microsoft Bookshelf* 98（《微软书架98》）关于"believe"解释原文为：

transitive verb：

①To accept as true or real：Do you believe the news stories?

②To credit with veracity：I believe you.

③To expect or suppose；think：I believe they will arrive shortly.

intransitive verb：

①To have firm faith，especially religious faith.

②To have faith，confidence，or trust：I believe in your ability to solve the problem.

③To have confidence in the truth or value of something：We believe in free speech.

④To have an opinion；think.

作发出者的态度。实际上，说"我相信……"（假设此时确实是在描述当时的态度，而不是作情景性的辩护或辩白）时，即使要通过所说"相信"的内容传达"真理"（truth）或"知识（knowledge）"，它也已经被标注为说话者个人的观点。所"相信"的内容可以是真的，也可以是假的，但相信者相信它是真的。这是从交流角度说的。

"相信"是一种特殊的"观念形成"。在"相信"之中，包含最具有相信者个人色彩的、确定的肯定态度。相信者不仅认为所相信的东西是真的，而且，它之为真对于他来说是确定无疑的。在涉及所相信内容的所有思想、言谈、情感、行动等诸多方面，相信者没有游移；所相信的内容被当作可靠的前提加以运用。因此，在这种意义上，相信是加进了确定的肯定态度、排除了游移状态的、有力和稳固的"观念形成"。

除了"声言相信"，我们实际上还有"在相信"，即此时"正相信"。这种相信对于相信者来说，意味着确定。在"声言相信"中，只是在将"相信"作为一种状态加以描述。在这种意义上，说我"相信我在相信"，与实际发生的"我在相信"以及"我相信我在相信"是不同的。"我在相信"时是完全沉浸在所相信的内容里的。而"我相信我在相信"则又将相信推移到对当下情景（对所信内容的确定状态）的再确定，这种再确定对于被确定的那个确定（即相信）是一种对象化。所以，这两种"相信"并不在同一个层次上。

在宗教哲学中，相信是作为"最终的赞同与剩余的深思熟虑的结合"。德国哲学家皮柏①认为，确定与犹豫不定的奇异并存现象，不仅描述而且真实构成了相信者的心理情境。圣托马斯曾创用一个简洁的说法来描述此一现象的两面性——在相信的行动中有完美的要素和不完美的要素。完美的部分（即"相信的行动"中的肯定态度）含有赞同的

---

① 皮柏（Josef Pieper）1904 生人，为德国著名宗教哲学家，明斯特大学宗教哲学教授、哲学类学系主任。

坚定不移，不完美的部分（即与认知能力相关的审视与随时潜在的怀疑可能）事实上缺乏洞察力——结果相信者为持久的"内心不安"所困扰。所谓"内心不安"是从拉丁文"cogitatio"（深思熟虑）一词译来的。这一字眼对于整个问题是如此的重要，因此传统的"相信"以最简短的形式将其含摄其中：cumassensione cogitare（带赞同的认知）。圣托马斯本人清楚地把它当成描绘相信行动结构特征的定义。"cogitare"和"cogitatio"两个语词的意思是：找寻、研究、探测、思虑、在决定之前仔细斟酌、持续追踪，心灵对未知事物的追求……所有上述的含义加起来，可以用"内心不安"一词涵盖。因此，明显刻画相信者特征的就是终归同意与余下的深思熟虑的联结，也即安与不安相结合。在这里，皮柏侧重的是整个相信者，相信者"安定"与"不安"的心理情境，倾向于宗教哲学的角度。因此这里与赞同相对的就是"仍然有所思虑"。

"相信"作为与"怀疑"相对的一面，皮柏关心的是相信者在相信中心灵的"安宁"与否。与皮柏关注的重点有很大的不同，本书主要关心的是，在求知中相信与怀疑及相关的认知态度在认识活动中的作用。

从这种角度看，相信是确定的肯定态度。因为它是针对对象（或命题）的肯定态度，它并非既相信又不相信，所以它是确定的。相信是肯定的，并不是说它仅针对肯定的命题，而是说它是对命题（肯定或否定命题）在态度上的肯定。特别的例子是，它甚至可以同时针对一个命题和它的逆命题，即相信一件事同时相信它的反面。"既相信某事又相信它的反面这是可能的，而且并不罕见。既相信某事又同时不相信它是不可能的。"① 相信一件事的反面（或否定形式）时，实际上就达成了对一件事的确定的否定。确定的肯定态度令我们持有对事物的信念，而确定的否定态度则令我们对事物加以拒斥。相应地，不确定的否定态度就是怀疑。"怀疑"本身就是不确定的，它就是要对被肯定的东西提出质疑，但又尚未做完全否定的断定，只是动摇对它的肯定态度。而不确定的肯定态度则是犹豫。当确系有力的相反理由出现时，原有相信中的肯定态度产生动摇。相信者开始感到难于像从前那样有把握确定。在怀疑中同时也有犹豫，因为不确定的否定的另一半恰恰就是不确定的肯定。而肯定的一半，就是对于受到怀疑的对象原有的肯定态度的有保留的坚持。可见，怀疑的重要特征就在于，使被怀疑对象处于"不确定"之中。而相信则使所相信的对象得以确定。

以对运动的理解为例。设质点从 A 点到 C 点的运动经过 B 点，问：当质点经过 B 点的瞬间，是在 B 点还是不在 B 点？从局部和孤立的观点出发，某甲相信"在 B 点"。他可以有理由这样相信，因为毕竟质点有那么一小会儿滑向了 B 点，落在了 B 点。他确乎肯定无疑。但某乙从同样的观点出发，相信"不在 B 点"。因为如果质点"在"B 点就意味着它停止在经过 B 点的瞬间，这与"运动"相矛盾。当甲乙二人分别得知对方所相信的命题时，各自都感到原有所信也许不是唯一可取的。这时候双方都对各自原有的信念发生怀疑。这种情况下，怀疑可以说是发现原有唯一可取的命题不再唯一时的态度。但这时他们也并未放弃原有的命题，而去接受对方的命题。就对反方命题的评价来讲，他们都开始认为有些道理。但在态度上，由于两个矛盾的命题各有道理，一时难于确定。由于他们的基本立场是有所肯定，但这种肯定并未完全确

---

① Paul Edwards, Editor in Chief The Encyclopedia of Philosophy [M]. Macmillan Publishing Co., Inc. & The Free Press New York Collier Macmillan Publishers London Reprint Edition 1972: 346.

立。所以，这时他们还在犹豫。与此相应地，怀疑之中的不确定的否定，其基本立场是否定。终于有一天当其中的任何一位开始既相信原有命题又相信该命题的逆命题时，他就是重新确立了相信态度。他不仅仅是并列地相信质点此刻"在 B 点"和"不在 B 点"，他更已经相信：就质点在 B 点的运动描述而言，是一个"矛盾"。质点正在 B 点并且正在否定这一状态。正是这种矛盾，使得质点能够经过沿途的每一点但又不至于停留在任何一点。这个关于"矛盾统一体"的命题重新成为"唯一可取的"。

在某些宗教中，教会将信教作为每个人的义务。人们于是可以选择他们愿意信奉的宗教。有关相信的讨论也很容易让人觉得，似乎相信某事是可以任意选择的。但相信不是没有原因的，而这原因也不会是完全任意的。因此，相信并非任意的，尽管有时候人们可以随意声称相信或是不相信某事。相信的原因可以是完全理性的。比如，数学家之相信某定律，逻辑学家之相信逻辑规律，都是基于缜密的理性思考、严整的逻辑推演的。他们之相信数学与逻辑学中的规律，是由理性的确实性赋予理由的。但一个天才的数学家也可以不必总是相信纯理性的东西，他仍可以是一个虔诚的教徒，一个迷信可以通过"通灵电报"与死人通讯的人。至于何以他会如此迷信，也是有他的原因的。这个原因可以是他父亲曾经传授给他的观念、他从某些神秘组织学来的法术，也可能由于他一时的奇思异想。总之，任何导致他认为所持观点确实的根源，都可以让这个相信成立。尽管如此，对于相信者来说，相信总是一件郑重其事的事情。相信的原因毕竟并非毫无道理。一些特殊的事情之所以成为相信的原因，与相信者个人的自我意识、生活经历、现有观念、认知水平、智商及情商有关。相信者所持信念中，有些是更基本的。其他信念在这些基本信念基础上，经由不断的认识逐渐形成。所以，个人的信念有一个大致的原则，就是保持内在的一致性。那些相信者相信的事物、认为确实的命题、判定为真诚的朋友，之所以被如此判定，是因相信者据以判断的是其既有的关于"可靠""必然""确实"以及"真诚"等的标准。而这些标准又是从最简单的"观念形成"开始，经历比较、判断、怀疑达到相信，在早期信念的统摄下，认知不断深入……从而逐渐获得的。

综上所述，相信是一种特殊的"观念形成"，是排除游移状态的、有力和稳固的"观念形成"，是有"怀疑或怀疑的可能性"的"观念形成"，是按照相信者与自身经验相一致的标准、按照已有的关于"必然""确实"以及"真诚"等标准实现的"观念形成"。

二、相信的特性

（一）有足够的根据就相信

有一种观点认为，相信者并不一定非相信不可，相信本质上是一种自由的行动。根据这种观点，那么，无论某位作证者的置信度多么高，都不足以驱使我们去相信；而且，无论某一真理的内容对认知者可能显得多么的无可争论，对于相信者却是全然不同的。因此，对于他所相信的东西，相信者总是自由的。相信源于自由。① 这里有一个误会，首先，认知者与相信者并非如此对立，认知者往往同时也是相信者；其次，对于他所相信的东西，相信者并非在任何意义上都是自由的。因为对于相信者来说，他不是随口说相信什么就马上真的相信什么，想相信就相信，不想相信就立即不相信。但他不必一定要肯定所信为真理才会相信，他只需有足够的根据就可以相信。从这种意义上说，一个并不知道就某事的真理到底是什么的人，他可以理直气壮地凭着他的信念去思考、去探究、去谈论、去感受、去行动。就其所信相对于"客观真理"的关系看，他当然是自由的。各种各样的人分别在相信各种不同的甚至

---

① 皮柏·相信与信仰［M］∥ 刘小枫.20世纪西方宗教哲学文选.上海：上海三联书店，1991：522.

相反的命题，就这种总体上的相信与所信的关系来说，人们相信什么确乎是自由的。另外，关于从相信什么命题开始探究的问题，正如前面已经说到的，认识者可以从任何地方开始相信，尽管相信不同的命题会造成探究在难易程度上的分别。

（二）相信是无法回避的

就认识者而言，相信是无法回避的。因为作为进入"我"的世界的现象的一切，在能够就它们提出疑问之前就已经形成了关于它们的观念，对它们的怀疑不可能是彻底的，至少据以怀疑的理由不能不被接受；另外，怀疑中的相信也是不能被动摇的，否则怀疑就无法存在，不可言说。

相信是健全"自我"具有的能力。只有得了疑心病的人和完全的怀疑派才总是不能相信一件极简单的事。尽管从哲学的角度看来，"极简单的事"本身就可以是"可疑"的，仍然有理由认为，现实要求我们对大部分简单的事不抱怀疑态度，只对其中少数事才加以怀疑，这样才不至于陷入混乱。但疑心病人的特殊之处就在于，他无法不对刚刚相信的对象重新抱起怀疑的态度。这可能因为他相信的能力受到了损害。

相信是有缘由的，相信的缘由不必是理性的，任何造成确定的肯定态度的因素都是相信的缘由。所以，人们持有完全相反的信念并不是件令人惊讶的事。

即使是皮浪主义者们，他们在认识活动上达到了"不做判断"，看似已然不再相信任何确定的东西，但"不做判断"本身已经是一个信念。撇开这一层不谈，他们依然要吃饭、穿衣、行走、居住，他们之中谁也不会没有常性，一会儿退着走路、一会儿爬行、一会儿倒立用手行走。因为，照他们的不做判断一贯地实行下去，就会在任何时候都"既不是这样的，也不是那样的，也不是这样和那样的"。所以，除了相信一些什么，我们别无选择。

（三）所能相信是无例外的

从无矛盾的角度看，相信有两个主要的特色。

其一，相信可以指向任何命题，相信从任何地方入手都是可行的。作为认识主体的个人可以从任何基本信念开始认识。牛顿从"光是粒子"入手，发展了一套"粒子光学"。意大利的科学家格里马蒂（F. M. Grimaldi，1618—1663）试探性地提出"光是波"之后，就有惠更斯（Christian Huygens，1629—1695）据此发展出一套"波动光学"。尽管后来的科学证明了光的"波粒二相性"，即光既具有波动特性亦具有粒子特性，但他们的探究也并不因此没有价值。而且，不同的基本信念，让竞争的两种学说同等地有了深入研究的出发点。从不同的基本信念开始，也许意味着进一步的探究在难易上有所不同。但不存在这一基点正确与否的问题。因为探究过程是从无答案处找答案，它没有一个早于基本信念的参照标准可以用来评判基本信念的优劣。事后的评价则完全是另一回事。

其二，所能相信是无例外的。这是相对于怀疑之"有例外"而言的。怀疑可以指向一切，但当怀疑指向自身时，就出现矛盾，"怀疑'正在怀疑'"就使得"在怀疑"成了问题。一方面"在怀疑"，另一方面又"怀疑'在怀疑'"（即"不肯定是否'在怀疑'"），因此陷入了矛盾。可见，怀疑是有例外的。而相信则不同，相信可以指向一切，也可以指向自身。当相信"正在相信"时是又一次确定了确定的态度。尽管"在相信"是一个层次，"相信'在相信'"是另一个层次，但相信成立的地方就有确定。相信还可以相信"怀疑"。相信"我正在'怀疑'"恰恰使得"我正在怀疑"能够成立，从而奠定了怀疑的基础。从这种意义上讲，相信使我们能够有所确立，使得认识有可能深入下去。正因为如此，所有认识者都不能不有所相信，无论这种相信被明确表述与否、被清楚意识到与否它都存在。怀疑主义的不做决定，从命题上讲是一贯地怀疑的，但从态度上说，还是有所确定的。"不做决定"是被确定地肯定。

三、相信、信任与信赖

涉及对另外一个人（或一个神）的相信时，情况相对会比较复杂。对人的相信不同于对事物的相信。因为人不是一个普通的对象，他不仅是认识的主体，还是行动的主体。对人的相信因此在对事物的态度之外还有对另一个认识主体和行动主体的态度。普泛地说，"相信某个人"，不是一个简单的命题。实际上，在不同的语境中，这一句话总是有所特指的。对于人的相信涉及其认知的真假，也涉及对其道德、价值判断，涉及对其伦理属性及人格属性的评价。因此，对人的相信对上述方面总是有所指的，尤其是涉及相信者与被相信者在情感上以及行为上关系的亲疏，故此对人的"相信"有明显的层次性。

（一）相信

针对人的"相信"的最基本成分，就是态度上对被相信者在某些方面的确定的肯定。比如："我相信老张是个老实人。"这就是在为人方面确定地肯定老张是老实的，但这在不同的场合可以意味着很多。比如："他不大会干不利于大家的事""他会很好地完成工作""他不会惹是生非"等。对人的"相信"之所以是确定的"肯定"，是因为在对人所做的断定中还有否定的情况。比如，说："我相信他不能够善始善终。"（通常我们也说："我不相信他能够善始善终。"它们表达的意思是一样的。尽管从严格意义上讲，说"不相信某事"有可能并不意味着"相信它的反面"，比如，在毫无证据地怀疑的情况下就是如此。）同样地，是在意志品质和行为能力方面对他人有所断定，但这是一种否定的断定。生活中我们说"相信某人"，就不是在这种意义上说的。实际上，相信关于某人的这种否定命题，与对事物的拒斥态度是一致的。

换言之，"我相信他不能够善始善终"是对命题"他能够善始善终"的拒斥。显然，这并不是对他整个人的拒斥。大致说来，相信一个人可以是指："他是一个好人""他说的是真的""他确实是……（某种样子的）"。总之，相信某人就是在特定的方面（一方面或多方面甚至是相关的所有方面）对其怀有确定的肯定态度。

（二）信任

相信一个人并不一定信任这个人。因为对于一个我们相信为"是好人"的人，我们可以由于种种原因并不将事托付给他。因为对他的行为责任能力我们并没有同等地相信。如果一个人不仅被认为是可以相信的，还被认为是可以托付的，这就更进了一层。起码被相信者在行为和责任能力上受到了进一步的肯定。如果说，相信是按照真实、确实、必然以及肯定的尺度对"所信"的认同，信任则是按照相信者的能力标准、道德伦理、人格标准等，在行为实效水平上对他人的认同，相信并予以托付。较之相信，这是一种更坦然地向外敞开，是在行为及其后果上对他人完全的信托。因为此时相信者面对的不只是一个物化的对象，而是另外一个认识者、行为者。信任是要在担当行为后果的能力上对他人予以确定的肯定。信任的肯定程度之高，以至于使得信任者不仅相信被信任者，而且将部分判断力以及部分对行为后果的担当能力委托给了被信任者。在信任里，信任者和被信任者都是具有判断力和行为能力的人。信任者托付给被信任者的只是一部分。生活中，我们总是分别在不同的时候，将不同的事情托付给所信任的朋友。

（三）信赖

幼儿对于父母的态度不只是相信，不只是信任，而是完全地相信、信任，直至依赖父母。被信赖者不仅是被确定地肯定为可信的、值得信任的、可以将所有的事情放心地托付的，而且因此被信赖者对信赖者则言也是一种终极的庇护。评价朋友的溢美之词中，没有比"值得信赖"

这一表达肯定程度更高的词汇了。它表明这位朋友在所有相关的方面都是被确定地肯定的，可以在所有相关方面对其依靠、托付与仰赖。

宗教情感，照弗洛伊德的观点，是对儿童时期这种对父母完全依赖和从父母获得完全庇护的深层留恋。上帝代表的恰恰是永恒来自父母的完全庇护。上帝不是像一个别的人一样可以通过经验加以认识的，不同的人对于上帝的信奉可以有不同的根据。圣托马斯说，在人类认识无法达到上帝的实在时，唯有信仰指涉上帝的实在。就相信所指向的对象而言，宗教层面更关心相信者与被信奉者的关系。有哲学家主张，"相信"的最重要因素"绝不在于被相信的事物"。在宗教意义上，无论怎样的相信者，最关心的并不是某件特定的事情，而是某个特定的人。而某个人、见证者、权威，才是"最主要的要项"，因为没有"这个人"的见证，事情根本不会有人相信。宗教信仰和所有其他信仰之间的关键性差别也在此。虔诚的信徒接受"某一位"为自己作证者为真、为实在。这一位就是上帝自身。而上帝的特殊之处就在于：祂是作证的内容与见证者完全的同一。上帝亲自向人显示那本来看不见的神圣之事，也就是说，祂显示的是通常人难于发现的祂自身的存在及造化之工；而人类相信自我所显现的上帝。拉丁名言"Cuimagis de Deo quam Deo credam"，意思是："谈到上帝，除了上帝本身，还有谁更值得我信赖呢？"这是由圣益布罗斯（St. Ambrose）首创的。圣奥古斯丁又加以发挥，成为一句教科书格言。拉丁语中，"Deo credere"意为"相信上帝"，相信上帝存在，相信上帝所说的话为真……如前所述，我们可以相信某一个人（是好人），然而不一定要信任他。"Deum credere"意为"信任上帝"，上帝是可以托付的。"in Deum credere"意为"信赖上帝"是指全心信赖地爱祂、奔向祂、紧紧依靠祂，并与祂结合在一起。圣托马斯对上述文句做了注解，并且非常强调三个层次的一体性。他说，这并不是三个不同的行动，而是全然一体的行动，在这行动中，人相信上帝、信任上帝并且信赖上帝。

第二节　相信与认识

一、求知活动的启动

求知活动的突出特色就是，在有问题却没有现成答案的地方找寻答案。作为学说基点的基本信念，在没有可以凭依的现成根据的情况下，它就是一个凭依。在进一步的探究中有了新的发现，只要新发现被认定坚实可靠、足可凭依，先前的信念将自然而然地被动摇、被取代。探究者的信念更改了内容，但没有因此放弃了"持有（新的）信念"。通常谈论信念时，有一种难于克服的倾向，就是把信念在认识中所起的作用等同于假设。从认识者的角度看，假设只是一个权宜之计，它并不要求一定要被证明为真，它不必是确实无误的。但信念却并不是这样。相信者是必不可少地握有信念的，它被认定是可以凭依的。即使有在他人看来清楚明白的根据表明相信者所持信念是错误的，除非相信者本人赞成并接受，否则其所持信念并不就因此被放弃。

这里面蕴含着更深一层的内容。实际的认识活动与认识活动所产生的、叙述出来的成果常常被混为一谈。当泰勒斯把水作为始基并依此形成他的哲学时，尽管作为始基的水以及他的整个学说缺乏足以让学说中的世界"活起来"的能动因素，但他如此认识这一活动却是能动的。认识者是有其情感倾向性和意志决断力的，这些特点使得认识活动不是完全被动的。认识因此不仅能够从某一点开始，而且能够进行"自组织"，这其中有信念的产生，对知识要素的寻求，对经验材料的加工，就理论进行的评价，还有对陷入危机的学说进行的挽救，对违背现有信念的"证据"的拒斥，对遭遇怀疑的现有信念所做的辩护。这一切恰恰是因为我们对某一基本信念的相信（believing）。这种相信具有统摄全部精神因素、激活这种能动性的作用。

古希腊的怀疑派以彻底的怀疑主义为避免自相矛盾所能采用的唯一认知行动只能是"不做判断"。从彻底怀疑主义态度出发所能达到的认识无法加以断定，所以，一定要说出来。他们只能说：世界不是这样的，也不是那样的，也不是这样或那样的。而且，从严格意义上讲，这种彻底怀疑甚至是不可以宣称的。因为，一旦宣称，它就已经是一个判断因而出离了怀疑。因此，彻底的怀疑主义在认识上具有动摇既有结论的作用，但却缺乏积极的建设性。

相信，对于认识者来说是如此重要，相信任何一个命题，我们的思想就可以从此展开。在与该命题不矛盾的情况下，我们借主动的思索和探究能够得到更多有用的命题；从所相信的命题开始，我们能够即兴地组织语言，顺理成章地进行表达。心里在相信着一个命题，它就能够为我们确定一个目标，我们就能照它的指引，调动思想、语言、情感、物质材料、舆论支持、社会力量等，策划、组织、实施一个达到目标的行动。

一种判断、一个观点、一套学说由于有了信念就可以展开，围绕这样一个（组）信念进行的探究活动就能够向前推进。

相信与感知也大有关联。感知事件中充满了偶然。我们对于某些"事实"的发现完全可能是偶然的，包括一些重要的科学发现也是这样。伦琴之发现 X 射线完全是出乎意料的。尽管如此，我们的信念一方面作为"指导感知的预设"渗透进感知结果，另一方面还通过与信念相关的情感左右感知结果和对感知结果的判断。因此，在某种意义上说，"除非起初就有某个事实会出现的信念存在，否则根本就不可能出现某个事实……相信一个事实有助于创造出那个事实"①。前面提到，相信使得我们倾向于期待与信念相一致的证据，而拒斥与信念相反的证据。这里我们要提及"通灵人"尤里·盖勒②的例子。在尤里·盖勒开始表演"通灵术"之前，总要进行一系列的心理铺垫。他会大声地告诉观众"我不过是某种超常的宇宙能量的一个通道。我并不能保证总是表演成功"，以此唤起观众对他"今天表演成功"的期待。最为典型的是，表演一两次仍不成功之后，观众的心情变得十分急切，他会明确地说："很抱歉，今天在场的观众中，有些人在心里怀有很强的敌意，他们极力阻挠我心灵能量的发挥，如果支持我的人多一些，我做起来也许没有这么费劲。"于是，群情激昂，不仅相信他确实能够"通灵"，而且期待着奇迹在他手中出现的人不断增多。终于，他经过一番苦苦努力，那放在手心的汤勺神奇地变弯了……后来魔术师兰迪做了在普通观众看来同样无懈可击的表演，并解释说，魔术师靠的是技巧，而且公开声明这一点。尤里·盖勒跟他一样也是在观众不经意的时候弄弯了汤勺，但他将观众引向了通灵的解释。盖勒的聪明之处不仅在于他有魔术师的技法，还在于他懂得如何让人们相信他所说的、所表演的和所暗示的。相信以及由相信而产生的预期，时常"渗透"到我们的观察之中，它使我们根据信念能够感受到他人觉察不到的东西。同样地，相信也使我们对他人感觉明显的方面视若无睹、听似未闻。

　　科学哲学中所谓"观察渗透理论"的表现形式之一就是信念对感知的影响。一定的范式中，为共同体普遍接受的基本信念、解释原则、实验规范、学术传统等，都在观察中发挥着无形的作用。

———————————

① 　William James. The will to believe and other essays in popular philosophy. New York：McKay，1897c. Cited from John K. Roth （Ed.）. The moral philosophy of William James. New York：Crowell，1969：209.

② 　请参阅本节"三、相信奠定认识的基础"关于尤里·盖勒部分。

二、学说的基本预设

也许我们无法确定任何一个认知者是何时、从何处开始他的认识的，但无论如何，他对这个世界的认识是有起始的，也只能从某个起始点开始。也许他最早的活动还算不上认识，但后来的活动总会算得上认识。不管根据何种标准、从何时计算，这个基点总是有的。可见认识者之开始其认识，从时间上讲，是与其出生一起被决定的；从逻辑上讲，人的活动之称得上"认识"也总是有一个起点的。在个体成长的早期，这种认知的基点就是经由各种官能对周围现象的感知（以及记忆），不仅是现象在识别意义上被感知，还有现象在不同的稳定性、可靠程度上被感知。这种感知可以是被意识到的，也可以是潜意识的。

正是由于认识活动本身必须从某一点开始，这一特点决定了所有成熟的知识门类都有一个可以追索的基点。从逻辑证明的角度看，这个基点，就是它所唯一不能推演的盲点。从认识者的态度上讲，这个基点受到的是确定的肯定。它是学说最初始的基点。就学科或学说的创立而言，这种对特定基点的选定不仅是一种创造，还更是一种决断。这种决断越是创造性的，就越是能够孕育出广泛、深远而富于启发的知识。

难道这些作为学科基石的基点，不是由理性决定的吗？谈到认识者的认识，不就是在谈论他运用理性获至关于周围世界的知识吗？这些问题看来是最容易提出来的。答案也许是：并不尽然。有人会认为，我们当然可以说相信什么、不相信什么，但涉及求知，就不只是情感上接受不接受的问题，而是按照理性的尺度进行探究和评价的问题。尽管如此，依什么进行求知是一回事，何以能够开始这一求知过程则是另一回事。

设想一下人工智能研究中的情况也许是有启发的。论逻辑运算能力，无论是运算速度、精度、多任务性能，还是数据存取的速率与容量，计算机都远远超过了人脑。电脑"深蓝"对国际象棋冠军卡斯帕罗夫的比赛胜利，似乎更有力地说明了在规则明确的逻辑运算，尤其是动用超量数据的复杂运算中，电脑可以胜过人脑。但即使算上刚刚公布的，DeepMind 推出的 AI 工具 "AlphaFold" 在有蛋白质结构预测的"奥运会"之称的全球 CASP（蛋白质结构预测关键评估）竞赛上〔The Critical Assessment of（protein）Structure Prediction〕，以优异成绩碾压了人类专家，也还没有任何一部电脑自己创立出任何一种学说。当然，这其中的原因十分复杂。这里我们只是设想，如果把探求知识完全归结成属于逻辑的推演过程，它的情形有些类似于电脑的运算。人作为主动的认识主体，能够循序渐进地、逐步深入地认识，这中间牵涉到许多因素，但决断这认识从何处开始（或者说从何处开始叙述这认识），却是不可缺少的环节。

中国古代道家以道为本，"有物混成。先天地生。寂兮寥兮。独立不改。周行而不殆。可以为天下母。吾不知其名。字之曰道"。有了道，则有"道生一。一生二。二生三。三生万物"。古希腊有主张"水"为本原（泰勒斯）（他们称作"始基"），或"无定形（或译作'无限'）"（阿那克西曼德）为本原，或"气"为本原（阿那克西美尼），或以"数"为本原（毕达哥拉斯），或以"火"为本原（赫拉克利特），不一而足。但每一种学说都在各自的"始基"基础上形成了关于世界的学说。如果没有各自的关于始基的基本信念（即什么作为始基的信念），他们的学说根本无从展开。而诸多基本信念不同的同类学说能够相继产生，并且各自占有一席之地，丝毫也不是因为在运用理性方面他们有什么不同。造成差别的主要原因是他们基本信念的不同，因而，其学说的出发点也各不相同。但所有的学说因为有了起始点，都可以自成一体地延展开来。

学说需要一个基点，不仅是说学说的叙述要从一个基点展开，还是指学说的建构乃至一项旨在寻求答案的求知活动，总是立足于一定的基点的。

三、相信奠定认识的基础

休谟在谈到信与不信的区别时说，我们所同意的那些观念比空中楼阁的散漫幻想较为强烈、牢固而活泼，这是最明显不过的。如果一个人坐下来把一本书当作小说阅读，另一人把它当作一部真正历史阅读，他们显然都接受到同样的观念，并且也依照同样的次序；而且一个人的不信和另一个人的信念也并不妨碍他们对于所读的书作同样的解释。作者的文字在两人的心中产生了同样的观念，虽然作者的证据对他们并没有同样的影响。把书当作历史阅读的人，对于书中一切事件有一种较为生动的概念。他能够比较深切地体会到人物的遭遇。他向自己表象出人物行为、性格、友谊和敌意，甚至对他们的面貌、神情和体态形成一个概念。至于把书当作小说阅读的人既然不相信作者的证据，那么他对于所有这些情节就只是有较为模糊而黯淡的概念。除了文体的优美和结构的巧妙以外，他从这本书得不到多大的愉快。这里面谈到了极重要的一点就是，相信与不相信之间的差别。用日常生活的语言说，即关系到切身与不切身的问题。相信是将相信者活生生与被相信的事绑在一起的。因此，所相信的事情能够给相信者以切身的感受，并能对其思想、言谈、情感、利益、行动等诸多方面造成现实的影响。

设想一下，如果"我""不相信"会怎样？弄清楚"相信"与"不相信"的不同，有助于我们发现"相信"还意味着什么。"不相信"可以有两种不同情况。一是不相信也不怀疑。对于那些我们尚无鉴别力、尚未加以判断并因而怀有任何肯定或否定态度的事情，我们"不相信"，但同时也并不意味着我们"怀疑"。这是完全对其"无知"或仅仅简单"观念形成"的状态。二是不相信意味着怀疑。这可以因为有直接或间接与支持这样相信相反的原因存在，比如，相信相反的事情；也可能由于支持这样相信的根据并不充分，比如，对事情本身并无异议，但对其进行判断的原则不能支持这样相信。以下将主要讨论第二种情况。

　　大致说来，首先，如果不相信，就意味着不承认其确实性。如果面对的是一件明白无误的事情，在根据上我们会十分肯定，在态度上我们会很坚决赞成。如果不相信，在态度上（如果根据充分的话）就会坚决反对。与这种态度相关的是所面对的事情成立的根据不充分。这种意义上的不相信将使我们很切身地将对象判断为不确实的。其次，如果不相信，还意味着拒绝承认其现实的可能性。钱学森如果不相信能造出原子弹，他不会硬着头皮接下这任务、在十分艰苦的条件下坚持搞研究、搞试验。宋代张载（1020—1077）提出过"凡象，皆气也""凡圜转之物，动必有机。既谓之机，则动非自外也"。尽管他就"动必有机"有如此高论，但如果有人告诉他人可以乘飞机在天上飞行、可以坐宇宙飞船到蟾宫散步，他除了认为这是"痴人说梦"，恐怕不会真的拿它当一回事。因为在他的时代，根本不能相信这种事。这种事完全被拒斥于他的"现实的可能性"之外。在他看来，这种事根本就是"不可能的"。这种不可能不是就纯逻辑意义来说的，形式逻辑中唯有矛盾是不可能的；也不是就无时间性的情况而言的，因为这种情况下就可以寄可能性于未来了（尽管考虑时间因素也无碍于这里的讨论）。所以，相信总是更显得"切身"一些的。再者，如果不相信，就不会相关地试图有所作为。不相信自己可以证明哥德巴赫猜想，"我"不会试着证明一番。与此相关地，如果相信就会避免作相反的尝试。比如，如果我相信"善有善报，恶有恶报"，我就不会尽量多做坏事、少做好事。要求一个人依照一个他不相信的原则行动，或是为一个他不相信能够达成的目标去做努力，只能是强人所难。他不会有自觉的能动性和创造性。因为他本来无意于此。最后，由于不相信，"我"会自然而然地倾向于拒斥支持相信的有关证据。UFO（不明飞行物）的传说言之凿凿，有许多专门的研究杂志提供翔实、有趣的资料，互联网上也有专门的站点提供各种资料，在各种人群中引起了相当多的关注。但大部分人根本不相信这种事。于是，对于这些不相信的人来说，"当场拍下的照片"不仅不是证据，反而被认为"完全可能是'二次曝光'或'电脑设计'的杰作"。证人的描述不是旁证，而可能被视作"精神不健康者的幻觉"。

我们确实在根据某种原则相信一些事情、拒斥一些事情、怀疑一些事情。由于我们到底能够相信一些东西，这些被相信的东西会随着怀疑、相信的共同作用而越来越多，越来越丰富。我们面对一件事情时，对它的分辨能力也会随之得到提高。但相对于我们不得不面对的世界来说，这种分辨能力总是有限的。我们不可避免地要面对一些暂时难辨其实的对象。而面对真正难于分辨真假的事实，有时即使一个严肃的学者，也难免落得尴尬。

20世纪70年代初，在意大利、德国、美国、英国、法国、瑞士、挪威、瑞典、丹麦、荷兰、日本等国造成巨大轰动的"通灵人"——尤里·盖勒（Uri Geller）公开表演了各种各样的通灵奇术：意念致动（PK）、心灵感应、透视能力、超感官知觉（ESP），成了各国广播、电视、报纸、刊物的头号新闻人物。英国《自然》杂志还发表了斯坦福研究所组织一批科学家进行专门调查后撰写的调查报告。

一时间，仁者见仁，智者见智。有的说，这个以色列年轻人完全是个国际骗子，他表演的不过是一位聪明的魔术师高超的把戏而已；有的说，他的表演货真价实，是人类不可多得的通灵天才；有的认为，如果他的表演是真实的，那么科学家必须重估牛顿、爱因斯坦的理论；还有的干脆把他的通灵术称为"盖勒效应"。可谓各种说法纷纭杂呈，难分真伪。

盖勒走红时，还出现了一些由科学家提出的假说。美国的哈德教授就认为，地球可能是"一种宇宙动物园，是和宇宙的其余部分隔开的。而看守人经常对园内的居民进行任意的取样检查"。英国的霍尔丹教授提出，可能有极高级的生物"正在操纵着我们这个世界的事务，或者我们的太阳系、甚至我们银河系的事务。与此同时，他只直接对少数几个出类拔萃的人显示它的存在"。号称"神奇的兰迪"的美国人、新泽西魔术师詹姆斯·兰迪（James Randi）则说："科学家都是些容易受骗的人"，"他（尤里·盖勒）是个高明的魔术师，如此而已"。苏联心理学家津钦科则说："灵学引起了许多反灵学的方法和揭露骗局的手段。但是，不论怎样揭露，也不能动摇虔诚的灵学家"。撇开最后尤里·盖勒被称为过时的人物以及他的通灵术究竟是真是假不谈，面对同一件事，不同的表现反映出不同的信念。

尤里·盖勒事件中，一个很有趣的人物就是美国心理学家安德鲁·韦尔（Andrew Weil）。他一开始对所谓"通灵现象"是持怀疑态度的，可是在亲自观看了盖勒的各种表演后，韦尔就转为深信不疑了。最后，在魔术师兰迪的指导下，他又观察到了一个同样可以表演"通灵术"的人赫然自称自己完完全全是一个魔术师。于是，他又"茅塞顿开""识破"了盖勒的"骗局"。他的结论是："自从认识盖勒以来，我已经学到了许多观察事物的方法，并且懂得了在评价证据时，特别是评价那些似乎能够证明我希望相信的事物的证据时，要慎之又慎。"韦尔根据他当时的信念对盖勒抱怀疑态度，又在"眼见为实"的另一次现场表演面前改变态度，转而深信不疑。眼前耳目一新的真实感觉太有说服力了，极大地怂恿了他无保留地先接受盖勒的表演为真实无误，再后来他又一次接受兰迪的批驳为真实可信。兰迪的说服力不仅在于他出示的证据在后，还在于他以魔术师的身份后入为主地在韦尔面前表演了同样令他折服的"假通灵术"。兰迪斩钉截铁地说："盖勒不过跟我一样，一位魔术师而已。"一位声称能够通灵的魔术师！韦尔"终于"因此相信了"盖勒是骗子"。

很难设想，如果有一天盖勒突然又找到韦尔，以更"无可辩驳"的表演宣称他确有"通灵术"时，韦尔会怎样。我想，即使韦尔声言他已经断定盖勒是在欺骗，他心里未必不是忐忑不安，将信将疑。谁让这一切转变得如此频繁，谁又让自己在盖勒与兰迪之间这么缺乏鉴别力呢？其实，我们探求知识的努力，多多少少也有点像韦尔的情形。如果在经历了盖勒事件以后，韦尔心灰意懒，再也不相信任何事情，对一切都疑虑重重，他最好的结局也许就跟皮浪主义者一样，对一切都不做判断了。但毕竟他一直都仍在相信一点什么，没有因为前面相信的被后面的情形证明为错误就放弃了去相信。这样他终于能学到一些东西，学到越来越多的东西。

即使周围有多数人都对诸如"百慕大死三角飞机、舰船神奇失踪"这一类新鲜事津津乐道，仍有人连打听都会不屑。在他们看来，这些事太无聊、太荒谬。由于他们的现有信念如此坚定不移，根本就没有允许这类"事实"在他们头脑中有容身之地。

相信不仅使认识活动能够起步，相信还使认识活动能够深入下去。

认识活动是从问题到更深入的问题的探究过程（如波普所说）。传统观点认为，这种探究主要是理性的。但认识活动中非理性因素的重要性越来越受到重视。首先，创造发明的过程并非全然理性的，相反，它在很大程度上是非理性的。仅仅考虑发明创造并非纯理性活动的结果，就足可见得研究非理性方面对于研究认识的重要性。其次，认识之得以开始，并能够不断深入没有一个基点是不行的。皮尔士认为，自我意识为我们提供基本的真理，并决定什么是可以符合理性的。"……笛卡尔哲学中最重要的一点就是：接受一个在我们看来完全明显的命题——无论这个命题是合乎逻辑的，还是不合逻辑的——这是我们无法抗拒的事情。"① 简言之，不得不相信一点什么这是不容回避的。正是由于有所相信，认识才有了基点。相信使得我们能够从无解之处开始求解。但相信总是与怀疑的可能性连在一起的。进一步的探究中，任何新的与现有信念冲突的事实一经出现，现有信念便受到动摇。相信开始转变为怀疑。思想只有经受住这种怀疑，并达到新的相信之后，才又得到确定。

---

① 洪谦. 现代西方哲学论著选辑［M］. 北京：商务印书馆，1983：179.

所以，皮尔士说："思维活动被怀疑的焦虑所激发，当达到信念时它就平息下来；所以产生信念是思维的唯一功能。""信念的本质在于建立一种习惯。而不同的信念是由它们所引起的不同的行动方式来区分的。"① 他又说："思维的全部功能在于产生行动的习惯，任何与一种思想联系在一起的东西，只要与它的目的无关，就只是思想的一种附加物，而不是它的一个部分。"可见有了信念，通过思维就产生出一种表征不同信念的行动习惯。"……抽掉伴随着思维的其他成份，思维——尽管它可以随意地中断——的灵魂和意义，只能是把自身引向产生信念，而决不能引向任何别的东西。活动着的思维把达到思维宁息作为它唯一可能的动机。与信念无关的任何东西，都不是思维本身的部分。"② 而他所说的信念有三重特性，"第一，它是我们觉察到的某种东西；第二，它平息了怀疑的焦虑；第三，它导致在我们的本性中建立起一种行动的规则，或者简而言之，建立起一种习惯。"既然平息怀疑的焦虑是思维的动机，怀疑得到平息了，思维就会舒弛下来，并在达到信念时获得瞬间的平静。至此，认识活动不是就停顿了吗？但由于信念是一种行动的规则，它的应用又引起进一步的怀疑和进一步的思考，所以它作为终点，同时也是怀疑和思想新的基点。③ 因此，简单一点说，相信和怀疑不断的交替，导致思维和行动习惯的改变，认识就在这种过程中不断深入。

---

① 洪谦. 现代西方哲学论著选辑 [M]. 北京：商务印书馆，1983：184.
② 洪谦. 现代西方哲学论著选辑 [M]. 北京：商务印书馆，1983：183.
③ 洪谦. 现代西方哲学论著选辑 [M]. 北京：商务印书馆，1983：184.

第三节 信念与信念理论

一、信念

"所相信的"即所信。所信的完整形式是命题。那些简略表达的完全形式是一个一个的命题。比如，说"S 相信 P"实际上是说"S 相信 P 是真的"。所信对属性、状态、过程、相似及因果之类关系等有所断定。所信是受原因支持的（或者说，相信是有原因的），但所信不必是完全符合理性标准的（或者说，相信不必是完全合乎理性的）。所信被确定地肯定为"是真的"。所信是一个宽泛的概念，只要是为人所信的就是所信。在学说理论之中，每一个要素都可以是一个所信。比如，学说中的预设（或公设）、定理、结论、学说的背景、专业术语、数据、研究方法、实验设备、测量手段等学说认可的因素，均属于所信。这其中有一些是更基本的并因此成为研究活动的指导原则的所信，就是该学说中的信念。当然这是相对而言的。通常来讲，实验测定的个别数据，只要它是为理论所接受的，它就已经是所信。由于该数据只在支持进一步的分析中作为大量数据中的一个起作用，它并不需要受到特别的关注，无须在下一次测定中一定重复，因而对于进一步的研究活动不构成直接的指导。我们因此乐意称它为"所信"而不是"信念"。

在上述例子中，如果该数据被进一步的研究证明为"常数"，情况就不同了。由于常数是相对稳定的，它已经构成了研究中的指导性因素，甚至有可能成为理论中的重要一环。所以这时候，它又当然地是一个信念。而学说赖以立足的极少数信念，奠定了整个学说或理论的基础，这些信念称作学说或理论的基本信念。

在国外哲学家的讨论中，并不对所信与信念进行区分。而是将所信等同于信念（belief）。基于汉语在这方面的特殊性，这样加以区分还是必要的。我们说"几何学真理确实无误"，这可以是一个信念。但是说"普通自来水在接近标准大气压条件下沸点的一个测定值是99.387℃"，尽管我们相信它是真的，但通常不说这是一个信念。说这是"所信"较为妥当。国外有关信念的讨论通常并不单独谈信念，总是将信念与知识联系起来讨论。

二、早期的信念研究

有文献记载的与信念有关的论述，可以一直追溯到古希腊时代。柏拉图关于知识的三种定义的讨论，至今仍在为人引用。各个时代的著名哲学家就信念问题都曾有过一些讨论，只是专门从信念的角度来谈论哲学却很少。日常生活默认地使用信念，宗教则专门涉及信奉、信念与信仰。在哲学中，信念似乎很自然地只是被附带地谈到。鉴于我们所关心的目标，这里只就有代表性的观点做一个简单的回顾。

（一）休谟

在休谟那里，心灵的全部知觉共分两类，即印象和观念。两者的差别只在于它们不同的强烈和活泼程度。我们的观念是由我们的印象复现而来，并表象出印象的一切部分。休谟谈论的"信念"，就其巨细不分而言，可以理解为这里的所信；但就其作为行动的支配原则而言，则毫无疑问，属于我们所讨论的"信念"。关于这个"信念"概念，在他看来包括如下要点。

1. 关于对象的观念

休谟认为，"一个对象的观念是对于这个对象的信念的一个必需的部分，但并不是它的全部。我们可以想象许多我们并不相信的事物"①。

①　休谟．人性论［M］．关文运，译．北京：商务印书馆，1983：122.

可见，"想象"和"观念"是信念的必要成分。不同的信念可以有差异，但所有的信念都关涉某种关于对象的观念。

2. 想象该观念的方式

"当我想到上帝的时候，当我想到他是存在的时候，当我相信他是存在的时候，我的上帝观念既没有增加，也没有减少。但是一个对象的存在的单纯概念和对它的信念之间既然确有一个很大的差异，而这种差异既然不存在于我们所想象的那个观念的一些部分或它的组成中间，那么我们就可以断言，那个差异必然存在于我们想象它的方式中间。"① 在所有的差异中，区分"信念"与"非信念"的要素，是观念持有者对它的某种特殊的"想象方式"。

3. 作为一种认定原则，这种想象方式赋予观念以附加的强烈、活泼和稳固程度

"在我们不同意任何人的一切场合下，我们总是设想问题的两个方面；但是，我们既然只能相信一个方面，那么显然的结论就是：那种信念必然使我们所同意的那种概念和我们所不同意的那种概念有所差别。我们可以在一百种不同方式下混合、结合、分离、混乱、改变我们的观念，可是若非有某种原则的出现，确定了这些不同情况中的一种，我们实际上并无任何信念；这个原则对于我们先前的观念既是显然没有什么增益，所以它只能改变我们想象它们的方式。"② 这里所说的"某种原则"是一种怎样的原则呢？该原则对于我们所面临的多种可能有所选择或认定，但它不能是对观念的任何其他性质的改变——这样会使得观念表象为另一个对象或印象——而只能是对它的强烈和活泼程度的增加或减少。因而，这种原则就是：经由特殊的想象方式给予我们的观念一种附加的强烈和活泼程度。

---

① 休谟. 人性论 ［M］. 关文运，译. 北京：商务印书馆，1983：112.

② 休谟. 人性论 ［M］. 关文运，译. 北京：商务印书馆，1983：113—114.

4. "形成关于对象的不同观念"与"想象它的方式"（相信与不信）相互独立，可能有各种各样的结合

"假如我面前有一个人提出了我所不同意的一些命题，说恺撒死在他的床上，说银比铅较易熔化，或说水银比金为重，那么显然，我虽然不相信，仍然可以清楚地理解他的意思，而形成他所形成的全部观念。我的想象也和他的想象一样，赋有相同的能力；他能够想象的任何观念，我也都能够想象；他所能结合的任何观念，我也都能结合。"但他相信而我并不相信。换言之，形成观念是一方面，想象该观念的方式是另一方面。观念可以是相同的，但却可以有对它相信与不相信的"想象方式"。

5. 信念所具有的活泼性来自"心理倾向"

就此，休谟有一大段的论述。休谟就与信念形成直接相关的心理倾向提出了他的观点："我很乐意在人性科学中确立一个一般的原理，即：当任何印象呈现于我们的时候，它不但把心灵转移到和那个印象天联的那样一些观念，并且也把印象的一部分强力和活泼性传给观念。心灵的种种作用，在很大程度上都是依靠于它作那些活动时的心理倾向；随着精神的旺盛或低沉，随着注意的集中或分散，心灵的活动也总会有较大或较小程度的强力和活泼性。因此，当任何一个对象呈现在前、使思想兴奋和活跃起来时，心灵所从事的每一种活动，在那种心理倾向继续期间，也将是较为强烈和生动的。但是，那种心理倾向的继续，显然完全是依赖于心灵所想象的那些对象；而且，任何新的对象，都自然地给予精神一个新的方向，并且把心理倾向改变了；相反，当心灵经常固定于同一个对象上，或者顺利地、不知不觉地顺着一些关联的对象向前移动时，这时那种心理倾向就有了长得很多的持续时间。因此，就有这样的事情发生：当心灵一度被一个现前印象刺激起来时，它就由于心理倾向由那个印象自然地推移到关联的对象，而对于那些关联的对象形成一个较为生动的观念。各个对象的交替变化十分容易，心灵几乎觉察不

到，因而它在想象那个关联的观念时，也就带着它由现前印象所获得的全部强力和活泼性。"①

6. 全部行动的支配原则

休谟认为，信念是被心灵感觉到的某种东西，可以使判断的观念区别于想象的虚构。这种信念给予那些观念以较大的力量和影响，使它们显得较为重要，将它们灌注到心中，并使它们成为我们全部行动的支配原则。② 休谟给信念下的完整的定义有几种近似的表述："当一个对象的印象呈现于我们的时候，我们立即形成它的通常伴随物的观念；因而我们可以给意见（opinion）或信念下一个部分的定义说：**它是与现前一个印象关联着或连接着的观念**。"③ "一个意见或信念可以很精确地下定义为：和现前一个印象关联着的或联结着的一个生动的观念。"④ "信念，依照前面的定义，是由于和一个现前印象相关而被产生出的一个生动的观念。"⑤ "即信念只是对任何观念的一种强烈而稳定的概念，只是在某种程度上接近于一个现前印象的那一个观念。"⑥ 另外，休谟还认为，心灵就观念产生了某些作用，它们又与当时人的心理倾向有关。因此，研究我们所获得的观念就不能忽视观念以外、与之相关的心理倾向。信念的特色就在于它与诸种综合起来称作相信的心理倾向有关。信念还是行动的支配原则。

---

① 休谟. 人性论［M］. 关文运，译. 北京：商务印书馆，1983：117—118.
② 这其中一个很显然的问题就是，"行动的支配原则"，尤其是"全部行动的支配原则"关涉到太多的方面，牵涉到在尺度上较之所信大得多的判断原则甚至理论，是一个很大的东西。这样的内容一个等同于"所信"的"信念"概念如何承载得起呢？人们可以认为，有些我们所相信的东西是如此细枝末节，或者如此离奇古怪，以至于它们都远离实际的行动，与行动并无直接的瓜葛。从这种角度考虑，对足以影响行动、成为行动的支配原则的信念做些有别于所信的区分显然是十分必要的。
③ 休谟. 人性论［M］. 关文运，译. 北京：商务印书馆，1983：111.
④ 休谟. 人性论［M］. 关文运，译. 北京：商务印书馆，1983：114.
⑤ 休谟. 人性论［M］. 关文运，译. 北京：商务印书馆，1983：115.
⑥ 休谟. 人性论［M］. 关文运，译. 北京：商务印书馆，1983：114 注①.

（二）康德

与信念相关，康德关于"确信"与"置信"的区分，判断的有效性和三种信念，与我们的讨论有比较密切的关系。

1. 确信与置信

①在康德看来，信念的确实性在有些情况下是客观的，在另外一些情况下是主观的。"如果所做出的判断对于一切具有理性的人都是有效的，那么它的根据就是客观上充足的。以此而认为它是真的，就称之为**确信**（Überzeugung），如果判断的根据只是在于主体的特别性格，因而认为判断是真的，就称为**置信**（Überredung）。"①

②置信是一种纯然幻象，因为它把只处于主体里面的判断根据看作是客观的。这样的判断只对个人有效，是个人将其认作真的。它并不一定会得到他人的认可。相对之下，真理依靠的是与对象一致，因而对于真理的每一个判断就应该是互相一致的（consentientia uni tertio, consentiunt inter se）。当一个事物被我们认为是真的时，决定它是确信还是置信的标准是外部的，也就是看它能否传达给别人，并且看它是否对一切人类理性全是有效的。因为这样就可以假定：虽然各人的性格不相同，但是一切人的判断相互一致的根据是有共同基础的，即都是依据对象的。正是由于这样，一切判断才全都与对象一致——从而，这个判断的真实性就得到了证明。

③除非一个判断是引起确信的，否则我们不能肯定任何东西，就是说不能断言它是必然对每个人都是有效的一个判断。至于置信，那是我随我的意思自行持有的，我不能也不应该自以为可以在我自己以外，把它作为有效的强加于人。

---

① 康德. 纯粹理性批判［M］. 韦卓民，译. 武汉：华中师范大学出版社，1991：675—675. Überzeugung 与 Überredung 的译法从杨祖陶、邓晓芒所著《康德〈纯粹理性批判〉指要》中译法：即确信与置信。

④就如何实际检验确信与置信，康德有一个绝妙的主意，那就是打赌。"某人以肯定毫不妥协的自信态度提出他的见解，以至像是完全没有想到他会有什么错误，这是常见的事。打赌就使他感到窘惑了。结果有时是，他所有的确信估计可以值一个杜卡田（Dukaten，德国的旧金币）而不是十个杜卡田，因为他很情愿以一个杜卡田来冒险，可是当问题是十个杜卡田时，他就开始觉得也许他很可能是错的，而这是以前他没有觉得的。如果在某一给定的情况下，我们肯定自己是以终身的幸福孤注一掷，我们判断的洋洋自得的口气就会降低；我们会变得十分胆怯，第一次发现我们的信念并没有达到这种程度。可见实用的信念总有一定程度，而这个程度则依牵涉到的利害关系的不同可大可小。"①

2. 判断的有效性

①根据判断的主观有效性相对于确信（确信同时也是客观有效的）的关系，康德划分出三种等级：**意见**、**信念**与**知识**。

②**意见**是这样保持一个判断，持有者"在意识中感觉到不仅客观上不足，就是主观也不够充足"②。相应地，"如果我们认为一个判断只是主观上是充足的，同时又把它看作客观上是不充足的，我们所持有的就是被称作**信念**的东西。最后，当所认为是真的东西，主观上和客观上都是充足的时候，它便是**知识**了"③。在这里，康德进一步补充说，"主观的充足性称为（对我自己的）确信，而客观的充足性就称为（对每个人的）**确实性**"。

③**至少知道某些东西**——借助于它，就其自身来说只是盖然性的判

① 康德. 纯粹理性批判［M］. 韦卓民，译. 武汉：华中师范大学出版社，1991：
679.

② 康德. 纯粹理性批判［M］. 韦卓民，译. 武汉：华中师范大学出版社，1991：
677.

③ 康德. 纯粹理性批判［M］. 韦卓民，译. 武汉：华中师范大学出版社，1991：
677.

断能得到和真理的联系，这种联系虽然不完全，但也胜于任意虚构——"我"才会**持有某种**意见。在通过纯粹理性而做出的判断中，绝不容许**保持意见**。因为，依纯粹理性进行的判断并不以经验的根据为基础，而是在任何情况下都是必然的，因而必须是先验的，所以它所联系的原理需要普遍性和必然性。故而，在纯粹数学和道德中，如果允许有意见则是荒谬的。在数学里，要么我们必须知道，要么我们索性不做任何判断；在道德中，我们绝不可仅仅依据一种行为是容许的这种**意见**，就冒昧去行动，而必须知道它确实是容许的，才能去做。

3. 三种信念

（1）实用的信念

①康德认为，只有**从实践的观点**才能称理论上不充足而认为一事物是真的这种态度为**相信**。这种实践的观点或者是**技术**的观点——这与任意选择的目的及不必然的目的有关，或者是**道德**的观点——这与绝对必然的目的有关。

②无论是哪种目的，一旦被接受之后，达到目的的种种条件就被假设为必然的。这里的必然性有两个层次。一种是不必然的信念。如果我不知道有其他条件能达到这个目的，这种必然性在主观上（但仍然只是相对而言）是充足的。另一种是必然的信念。如果我确实知道，任何人都不知道有能达到所提出目的的其他任何条件，这种必然性就是绝对的，并且对于任何人来说都是充足的。医生必须为垂危的病人做些事情，但是并不确切地知道病人疾病的实情。一位医生观察种种症状，并不能判断病人是属于另外的病症，于是就诊断他患了肺病。甚至这位医生自己也认为他的信念是不必然的，但另一个医生可能可以得到一个更正确的结论。但事到临头，这种不必然的信念毕竟能构成实施一定行动的根据，康德称之为**实用的信念**。

（2）学说的信念

①在许多情况下，当我们所处理的是我们不能对其有所作为的对

象，并因之我们对于它的判断仅仅是理论的时候，我们就能设想并对自己描述出一种态度。我们认为有充分的根据采取这种态度，但却没有任何能达到事情的确实性的手段。所以，甚至在纯理论的判断上，也有类似**实践判断**的东西，康德称之为**学说的信念**。我情愿以我所有的一切为我的这种论点打赌——比如，我认为在我们所见到的行星中，至少有一个是有人居住的。所以我说，以为其他世界是有人居住的，这种说法不只是意见，而是坚强的信念，我为它的正确性是准备冒大险的。根据他的定义，康德承认关于上帝存在的学说属于学说的信念。

②涉及信念的作用和性质，康德说，"信念"这个名词涉及的只是一个理念所给我的指导，以及为促进我的理性活动而坚定我对理念的保持这种主观上的影响，然而我并不能从思辨的观点来说明这种信念。

③他认为，纯学说的信念是缺乏稳定性的，常常会由于所碰到的种种思辨上的困难而抓不住它。

（3）道德的信念

①康德认为，涉及**道德的信念**，目的是绝对确立了的。而且按照我所能有的洞察，只有一种可能的条件，能使这种目的与其他一切目的联系起来，从而有其实践的有效性。这个条件就是：有上帝以及未来的世界。我也完全确实地了解，没有人能知道任何其他条件能在道德律之下引到同样的目的统　性。所以，既然道德的训条同时也就是我的准则（因为理性规定它应该如此），我就必须相信上帝的存在以及有一个未来的生命。而且我确信任何东西都不能动摇我这种信念。如果动摇的话，就会推翻我的道德原理本身，而我若不想变成在自己眼中是可憎恶的，就不能否认这些道德原理。

②当然，没有人能够夸口说他**知道**有上帝以及来生。一切知识，如果和纯理性的对象有关，那都是能传达的；对于上帝以及未来世界的信念是这样和我的道德情操交织在一起，以至很少有丧失我的道德情操的危险，同样也没有什么理由担心我们对于上帝和未来世界的信念会被

夺走。

③在涉及道德的问题中，没有人是没有利害关系的。因为，即使由于缺乏好的道德情操而使他和道德的利益关系绝缘，仍然足以使他对有上帝和来生的存在产生惧怕。使他有这种惧怕不需要别的，只要使他不能佯称**确实没有**上帝这样的存在者也**确实没有**来生就行。因为，既然只有通过理性才能确切无疑地证明这一点，那么他要宣称上帝的存在和来生这两者都是不可能的，就必须能够证明才行。而这肯定是没有人能合理地来尝试的。这被康德称作"消极的信念"，这种消极的信念就像符咒一样，虽然不能引起道德及美好的情操，但却能引起和它们类似的东西，那就是对罪恶情操爆发的一种强有力的制止。

三、倾向论的信念

（一）赖尔

行为主义认为，关于信念的陈述不涉及令人困惑的内在状态，只涉及行为模式。极端的行为主义在定义信念时认为，我们只应完全用科学的、可从量上规定和检验的术语表示身体及其运动。而温和的行为主义在坚持行为主义基本原则的同时，允许我们用描述人的活动的日常心理语言说明有关的行为模式。从这种意义上讲，赖尔的观点接近于温和的行为主义。

赖尔在分析"信念"等概念时，认为"相信"像"渴望"等一样，属于"意向词"。传统的观点把信念看成是发生在行为者"内心深处"的东西，认为信念一词表示事件和状态，从而陷入了无法自拔的矛盾困境。这种观点忽略了这样一点，即："信念"等词只能表示做事的能力、倾向或爱好，而不能表示独一无二的事物。

所谓意向词不属于现象描述词或发生词。后者是对存在和发生着的事件的描述，如"认识""知识""桌子""红"等就属于这类词。而意向词则不同，它描述的是能力、倾向、爱好等，如"易碎""易冲动"就属于这类词。赖尔指出，错误的能力论将意向词理解为代表隐秘的力量或原因的词，以为它们表示的是某种中间状态世界中存在的事物和发生过程。由于意向词不能用来描述事实，因此意向陈述不是事实陈述。所谓事实陈述是指陈述事实上存在的、可独立对别的东西发生原因作用的事物、事件、状态的句子。而意向陈述"大意是指所谈论的对象（动物或人）有某种能力、倾向或者容易受某种可能性影响"①。例如，说"这块糖是可溶化的"就是意向陈述，它的意思是说，如果在任何地点、任何时间将它浸泡在水中，它就会溶化。总之，意向陈述既不报告已观察到的或可观察到的事态，也不报告未观察到或不可能观察到的事态，它并不叙述个别事件。

　　基于上述分析，赖尔得出结论，说："信念"一词描述的是这样的倾向，即"它是一种不仅导致理论步骤，而且导致实际和想象的步骤，并且还会产生一些感觉的倾向"②。这就是说，在有某一信念时，至少有以一定方式行动的倾向。因此，信念不能等同于行动，而只与以一定方式行动的倾向同一。**就信念是对于某些复杂的行为模式的倾向的意义而言，可以有限制地说：信念是行为的主导原则。**但赖尔所说的信念不是一种与行为分离的、在行为之前发生、作为动因的独立的过程或状态，而是行为的倾向或可能性，**属于行为本身的特征。**因此，在赖尔那里，不存在一个是心理原因、一个是行为结果这样的二元解释，只有统一的作为实在的人及其行为。**就信念是行为这一完整过程的起始和行为的能力而言，才可以说它是行为的主导原则。**

---

① 吉尔伯特·赖尔. 心的概念［M］. 刘建荣，译. 上海：上海译文出版社，1988：126.

② 吉尔伯特·赖尔. 心的概念［M］. 刘建荣，译. 上海：上海译文出版社，1988：139.

（二）阿姆斯特朗

阿姆斯特朗对赖尔的倾向理论进行了改造。不过他似乎是重新回到了赖尔所放弃的立场。为了避免信念与行为的二元论，赖尔将信念解释为作为行为本身性质的倾向。也就是说，信念并非行为之外（或者背后）的某种"状态"。这种将信念还原为行为的方式，尽管有利于确立通过行为了解信念的原则，但它面临一系列的理论困难。赖尔的理论试图把关于信念的陈述解释为或归结为关于行为模式的陈述。照这种说法，就应该能够同等地了解自己的信念和他人的信念。但是，实际上，我们了解他人的信念需要借助观察他的行为，而对我们自己拥有何种信念却根本无须舍近求远地观察自己的行为，然后根据行为对信念做出判断。阿姆斯特朗基于这一认识，对赖尔的倾向论进行了改造。他并不刻意回避二元论，而是照常识的方式理解信念，把信念解释为状态，并试图说明，作为状态的信念与其他各种状态一起，如何经由相互作用产生行为。

阿姆斯特朗把信念放在与其他状态的关系网络中，参照和利用其他状态（包括别的信念状态）对信念做出说明。改造以后的倾向理论还可消化"不对称问题"。有信念的人对自己信念的认识和别人对他的信念的认识，在方法、内容上是不同的，这的确是一种不对称现象。但可以合理地予以解释。首先，应肯定在我"对我相信 P 所做的判断"和我"实际上相信 P"之间必定有一种可靠的联系。也就是说，存在着某种内在的因果链，它使人能可靠地获得关于自己的信念的认识。如果是这样，那么人们对自己的信念的认识就极为简单。人们能够直接地认识自己的信念，而无须对行为做外部的观察。但是，由于信念作为倾向不是行为本身，因此，他人对"我自己"的信念的认识方法与途径以及内容，必然不同于"我自己"。

阿姆斯特朗强调，"倾向"就是存在于行为后面的"状态"。在适当的条件下，它有产生行为的作用。简言之，信念作为心理倾向就是易于或可能产生行为的"状态"。或者说，倾向就是因果上有效的、存在于行为后面的状态。例如，老王有关于"天要下雨"的信念，就是他有某种倾向，或他处于某种状态中，此状态在因果关系上导致下述陈述成真：如果 A 情况出现，他就会淋雨；如果 B 情况出现，他就会去拿伞……

经阿姆斯特朗重建过的倾向理论，能够解释赖尔所不能解释的不对称性。这一理论在为赖尔所不主张的"状态"意义上理解信念，更能解释自己对自己信念的了解与他人对自己信念了解的"不对称性"。"倾向"指的就是一种心灵状态，具有因果作用。照这种观点，某人处在一种要做什么的状态，就可以说他有这种行为倾向。这可用偏好（propensity）、意向（disposition）和旨趣（tendency）等词表示。这些词在阿姆斯特朗看来没有实质的区别，都可用来表示一种典型地导致同样结果的"倾向"状态。当然，阿姆斯特朗并不认为信念作为倾向是简单的。他认为，信念是某种复杂的状态，它依赖于一定的情景，可以经许多方式表现出来。因而信念是多重因果的（multitrack）倾向。它在不同的条件下，可以表现为不同的行为模式，可产生出不同的结果。计算机类比有助于说明这里的问题。由于计算机具备这样的软件，当你输入问题"当前操作是什么？"这样的询问时，或许它会（显示）回答："查找数据库中的最佳答案。"计算机对"自己"状态的"认识"，根本没有必要经过观察自己的外部行为之类的过程。因为程序设计者在它的程序，即在提取它的数据库中的有关内容与显示相应的信息以回答询问的倾向之间建立了简单的、直接的联系。也可以说，机器**处于**某种内在状态和机器**相信它自己处于**那种状态中，这两者之间建立了直接联系。对于人来说也是如此。在"处于某一状态之中"与"你认为在那状态之中"这两者之间可能有简单的、直接的联系，这足以导致他人与我在对我的信念认识上的"不对称性"。简言之，只要我们承认信念是一种内在状态，就可以而且应该容许不对称性的存在。①

（三）弱功能主义

P·斯密史和O·琼斯把自己的理论称之为"弱功能主义"。他们一方面接受了赖尔和阿姆斯特朗的观点，认为信念是一种行为倾向，且这种倾向可当作一种大脑的物理状态；另一方面，又在功能主义的基础上进行了改造和发挥，强调作为物理状态的信念状态实际上是一种**功能状态**，一种**神经生理的机能状态**。以老王关于"天要下雨"的信念为例，这种信念理论可以具体化为这样的信念模式："老王相信'天要下雨'，就是他处在某种功能状态中，该状态对下述事实成真负责：如果情景A出现，他就会收衣服；如果情景B出现，他就会带伞……"这一模式可以无一例外地应用于其他具体的信念上。作为信念的功能状态可以通过对它所产生的行为结果的观察，间接地分辨这种内在状态。如果不就此应用这种方法，而试图进一步探讨状态本身的话，那么就进到了生理学解释的层次。就像追溯对麻疹症状的生理学解释一样，进一步可把麻疹与某种特殊的细菌感染联系起来。看来刨根问底的提问不得不就此打住。道理很简单，大脑是可塑性很强的器官，即使是大面积的大脑损伤，心理生活仍能进行。因为被破坏的功能可被重新定位，由其他部位承担。假如大脑功能有这种可塑性，那么人的神经状态就会因人而异，相信"天要下雨"这一信念状态也会因人而异。

用斯密史和琼斯的话说："信念是一种大脑状态，但那使特定的状态成为一种相信'大要下雨'这样的信念的东西，不是内在的物理构成，而是它产生行为时所起的作用或功能。"② 也就是说，信念是通过

---

① P. Smith, O. R. Jones. An Introduction to the Philosophy of Mind［M］. Cambridge University Press. 1986：155—157.

② P. Smith, O. R. Jones. An Introduction To The Philosophy Of Mind［M］. Cambridge University Press. 1986：160—161.

它们在与其他状态相互作用以产生行为的过程中的因果功能而加以辨认的状态。他们强调，关键在于，在理解信念状态时，我们关心的不是它的内在物理属性，而是大脑物理状态的功能。同一的功能在不同的人身上或在不同的情况下，是由不同的物理状态所享有并经它们表现出来的。

实际上，就大脑的神经生理状态分析某个信念的基础，是一种注定了不成功的努力。一种在"电灯亮不亮"与"开关开没开"之间的严格决定的因果关系，在神经系统这样复杂的系统中就未必是有效的。在刺激一个神经细胞的树突与测量复杂的神经系统中另一细胞的轴突的例子中，就刺激与反应之间的因果关系而言，就不是同样严格地一一对应的。如果让细胞的个数增加一百倍，要想找到类似于电灯和开关之间的关系就很难。问题是，大脑神经细胞数量以百亿计，而且，神经生理过程不只有神经系统，还有内分泌系统参与其间。像通过外部性状定义一个遗传基因一样地由某种行为追索一个对应的信念，其中情况相当复杂，以至于上述设想不能被当作是有价值的观点。

当然，功能主义的信念理论，与日常生活中默认的"常识心理学"（folk psychology）的信念原则，可以彼此相容。这或许是它的一大优势。

"常识心理学"认为，如果某人有意愿 P，并相信如果他做了 X，P 就会得到满足，那么在起抵消作用的意愿不出现时，结果他就会做 X。用这一原则可以对人的行为（如老王收晾在外面的衣服）做出部分解释，即，如果他有让衣服由湿变干的愿望，并相信如果将衣服收进来，它就会干，那么在没有相抵消、敌对的意愿的情况下，他就会把他的行动与他的信念（天要下雨）联系起来。借助常识心理学的推论原则，便可形成这样的解释说明：如果老王相信天要下雨，并认为衣服放在雨中会湿透，那么他便倾向于相信只有把衣服收进来，才能让衣服尽快晾干。因此，如果有这些关于老王的背景信念和意愿，借助基本原则和推论原则，就会把老王的"天要下雨"的信念与收衣服的行动关联起来，从而对他的行动做出解释。同样，利用上述两个原则，以及和老王有关的背景信念与意愿，也能把他的信念（天要下雨）与他拿伞这一行动联系起来，即解释他拿伞的行动。

依照弱功能主义的观点，常识心理学原则不仅有助于哲学，而且在对每一行为的日常的、常识性解释中扮演着重要的角色。如果你要解释某人的行为，你要做的就是为他提供适当的心理学情节，提供关于他的信念和意愿的描述。你可以期望：有这些心理状态的其他人也会如此行事。弱功能主义还认为，功能主义信念理论除了要利用常识心理学的上述原则之外，在特定的情况下，还要用到感性原则和功利原则。因为人们产生选择行为时，常常有感觉和功利的因素在起作用。因此，要解释一个人在买商品时为什么从那么多品种中挑出一种，就必须根据感性原则和功利原则。

由于斯密史和琼斯诉诸常识心理学原则分别地、具体地解释特定的行为，因此，可以避免由行为追溯信念、再由信念追溯信念、意愿。

"……信念不能等同于像活生生的性质或状态（liveliness）这样的内在的东西，而只能等同于产生行为的能力……如果我们能够观察到足够的行为，发现适当种类的模式，那么这必然使我们得到关于行为者的信念和意愿的良好证据。"① 因此，我们能认识他人的信念和意愿，得到关于它们的知识。

四、作为心理语句的信念

美国当代著名哲学家、认知心理学家佛德（J. Fodor）主张，信念是人或有机体与心理语句（mental sentence）的一种关系。简言之，**说**

---

① P. Smith, O. R. Jones. An Introduction to the Philosophy of Mind ［M］. Cambridge University Press. 1986：174—175.

一个人有信念，就是说他有特定的心理语句表征（token）。因此，**信念实质上是以适当的方式存在（或编码）于大脑内的心理语句。**

随着哲学的语言学转向以及行为主义的产生和发展，心智哲学问题也逐渐从本体论问题转换成语言哲学问题。行为主义以及受其影响的哲学关心的主要问题不再是"心理现象的本质"之类的问题，而是"怎样分析心理概念""怎样确定心理术语的意义"之类的问题，认为应该把这些语言的哲学性质的问题放在更加优先的位置上。随着计算机科学、人工智能研究、认知科学的兴起和发展，行为主义呈现了迅速衰落之势。佛德的心智哲学研究不再把工作局限于概念分析上，甚至不认为心智哲学的工作就是概念分析，转而强调心智哲学与科学的结合或与科学的连续性，开始关注"信念是哪一类存在或事实？"，而不仅仅是怎样理解和分析概念。

（一）"信念"概念的特征

佛德认为，常识心理学的概念和原则不应被完全抛弃。经过分析、澄清，可以与认知心理学、心智哲学的原则相融合。日常信念概念不是空洞的虚构，而是对人的内部的某种事实的真实描述。信念研究应该搜集和概括有关的事实，并作出分析。根据这一理论，信念概念具有如下的一些特征。

①信念是属于有语言能力的人的，是由语言表达出来的。

②在与对象关系方面，信念概念表示了相信者与被相信的对象①之间的一种内在的关系。日常语言提供了区分信念之间关系中的第二要素（即 P 相信 S 中的"S"）的基础。如信念句子"我相信天要下雨""相信"后面的要素"天要下雨"就是"所信"。可见，**所信不是外在的东西，而是内在的句子。**

————————

① 这里所说"被相信的对象"与我们所说的"所信"不同，它不是外在的东西，而是内在的句子。

③在信念采用语言形式表达的角度上，信念与作为信念对象的内在句子有语义属性，即有指称、意义和真值条件。因为任何信念都包含一定的语义内容，指称一定的对象。对某一事件的信念有真假，而信念的真值与相信的对象的真值是同一的。信念与信念对象的语义属性类似于有关的内在语句的语义属性。而所谓内在语句就是**内容语句，指被包含在信念语句**（如：I believe that…）**中的从句或命题**（即 that 引导的从句或 believe 后面的命题）。信念语句就是以"某人相信……"（Somebody believes that…）形式表述某人有某信念的句子。①

④信念与其他心理状态、与行为有因果联系。如信念可以产生别的心理状态，与其他心理状态相互作用可以产生行为。而因果相互作用模式反映了用于描述状态的内容语句的各种形式关系。例如，如果安南相信所有利比亚人都厌恶战争，并且他还相信卡扎菲是土生土长的利比亚人，那么他将会相信：卡扎菲厌恶战争。一种信念之所以能引起别的信念或心理状态，是因为被相信的东西或作为信念内容的内容句子有某种逻辑形式，基于它们之间的形式关系，它们可以相互联系。

按佛德等人的观点，人有信念这样的日常事实，这是毋庸置疑的。问题是，要说明、解释这样的事实。

（二）作为内容句子的"所信"

与常识的解释不同，心理语句论认为，应该用信念是人与内在地被表达出来的句子即内容句子的关系这一假说，去解释关于信念的日常概念的事实。也就是说，要解释人有信念这一事实，必须假定信念是人与内在句子表征（token）的一种关系。"为了很好地说明这一点，他们假定：在我们头脑中，存在大量的心理语句表征。它们就是英文——表达

---

① 在转向信念内容语义属性时，情形就颇令人费解。因为即使内容语句蕴含于信念语句之中，而信念语句的语义属性似乎独立于它们自己的内容语句的语义属性。这种差异本应得到更多的研究。

了我们当下的信念内容——的并不费解的编码。为了逼真起见我们姑且假定：人脑中真的有像阴极射线管（CRT）这样的东西，它上面布满了句子表征。还可进一步假设：这些句子表征起着信念的因果作用，就像常识心理学所描述的那样。"① 当某一内容句子表征现实地呈现出来，即与有机体现实地有了一种关系，有机体便有了一特定的信念。于是，他不仅有一特定的信念出现，而且还可产生相应的行动。

内容语句及其特征是什么呢？内容语句是一种内在的心理语句。它是我们有信念这种状态时呈现出来的东西。在此意义上，可以说内容句子就是我们前面界定的"所信"，但是，这里的内容句子却被赋予了生理实在的意义。**相信什么东西其实就是人心里有某种形式和内容的语句。**

如果人相信的对象是信念句子，即假定人脑内有所谓的编码在神经结构上的信念句子，但这种句子用什么语言表达呢？哈曼（Harman）认为，与相信有关的信念句子是相信者所用的自然语言表达的句子；佛德（J. Fodor）则认为，信念的对象是用思维语言表达的内容句子。思维语言就是一种普遍性的心理密码，不同于自然语言，而相似于计算机的机器语言或形式化语言。

信念语句"老王相信'天要下雨'"告诉我们关于老王的什么事情呢？句子的真值条件是什么呢？显然，该句子把信念归于老王，即告诉我们：老王有一信念。而说他有信念就是说他有储存于他头脑中的内容语句（或习惯用语、公式）表征。这里的内容句子是"天要下雨"，它与特定的内在代码有关，是内在代码的表征引起老王说"天要下雨"。因此，**内容句子表征**可用**内在代码表征**予以说明。据此，老王头脑中的所有句子表征就正好是内在代码句子类型的表征。因此，不管他讲什么

---

① Stephen P. Stich. From Folk Psychology to Cognitive Science The Case Against Belief［M］The MIT Press, 1983

语言，他都会用它来表达信念内容。总之，人们有同样的心理语句类型的表征，这与他说中文还是说英语、法语、德语、俄语无关。

说一个人头脑中有句子表征容易让人产生这样的疑问：对两个有同样的句子表征的人能做出同样的解释吗？也就是说，有相同信念的两个人或处在同一内容语句的关系中的两个人是不是有同样的句子表征呢？是不是有相同的神经化学表征呢？心理语句论的解释是这样的，假设每个人头脑中真的有布满句子表征的极小的阴极射线管，假设有这些句子表征起着信念对象的作用，有常识心理学归之于信念的那种作用，在人的信念屏幕上所写的一切句子都使用同样的语言——如英语，如果是这样，从英语句子类型到"心理表征"的映现就很简单，即把句子类型绘在他们的阴极射线管中。当你和我说出"天要下雨"这样的语言学上合规则的句子时，心理语句就是"天要下雨"这样的表征。当我们说"老王相信'天要下雨'"时，实际上就是说，老王在他的阴极射线管上有像这类表征的东西，它们与按语言学规则说出"天要下雨"时因果地包含的表征是相同的。简言之，它们在形式上等同于"天要下雨"这样的表征。

（三）信念与意向性

信念概念表现了内心的一种状态，这种状态是真实的，而且有意向性。佛德的意向性有两种含义：一是心理状态的指向性，即心理状态指向它之外的、存在或不存在的事物或事态；二是语词的指涉性。这就是说，人们所用的语词尤其是与心理状态有联系的、因而有意义的语词都有关于语词之外的东西的特点。信念概念及其所表示的心理状态也有指向外部事物或事态的性质。命题态度所表现的就是这种意向性内容。如"S 相信 P"，P 这一命题或句子就是关于外部事物或事态的，它的真假可根据它与事物是否一致而加以判定。那么，信念具有意向性的根源何在？通常认为，意向性是心理状态的基本特征、根本属性。由意向性可决定其他的心理属性，而它本身不能再归结或还原为别的更基本的性质，因而它是心理状态的原始的、固有的性质。佛德并不赞成这种说法。他认为，心理状态的意向性不是最基本的、第一性的，它可以还原为**心理表征的语义性**。所谓心理表征就是心理语句在内部储存、编码、提取和呈现的方式。两者（即心理状态的意向性与人理表征的语义性）可视为同一的东西。而所谓语义性就是指心理表征或心理语句有指称、意义、真值条件之类的属性。依佛德的观点，**心理表征的语义性才是最根本的，意向性正是由之派生出来的**。如果就自然语言而言，这里存在循环论证的问题。因为自然语言符号的语义性可追溯到符号使用者的命题态度，或者说追溯到心理状态的意向性，即心理状态的意向性决定了符号的语义性。如果再说符号的语义决定意向性，无疑是循环论证。佛德对此的反应是提出一种可以避免循环论证的例外的符号。这就是他的"心理表征"。他说："有一类符号，它的语义性从根本上说不能归之于行动者的心理状态，这种符号就是心理表征。"① 由于信念是有机体与心理语句即心理表征的一种关系，因此信念的意向性也是表达信念内容的语句的语义性所决定的。

在佛德那里，信念就是一种对于语义上被解释的符号的计算关系，或者说是有机体与心理符号、规则、公式的计算关系，而不仅仅是一种表征上或表达上的关系。简言之，一信念产生，不仅是相应的心理语句呈现、表达出来（或被提取），与有机体有一种现实的关系，而且还为有机体按特定的方式加工或计算，即具有计算关系。**心理表征与满足它的真值条件的事态相关联而具有语义性。因此，心理符号的语义性比信念的意向性更基本。**

佛德还主张，人脑中有类似于"yes－盒"这样的机制。因而把心理语句表征放入"yes－盒"中，对于有机体的行为和其他类型的表征

① 高新民. 现代心灵哲学. ［M］. 武汉：武汉出版社，1996：338.

来说，有相应的因果重要性。因为当心理表征标记进入了"yes－盒"中，出现在心灵的计算操作面前，为主体肯定和确认，主体就出现了信念这样的心理状态。而当有了这样的心理状态时，心理状态由于心理表征的语义性而具有了意向性，即指向它之外的事物与事态。另外，当心理表征进入"yes－盒"中，人就会作出相应的行动。因而人的信念对于行为来说就有因果有效性，即能发挥对行为的原因作用。概言之，作为一种心理状态的信念之所以具有意向性，是因为与有机体发生了现实计算关系的心理表征有语义性；人的信念之所以对行为有因果作用，是因为特定的心理表征标记进入了"yes－盒"中，与有机体有现实的计算操作关系。

五、皮尔士关于信念及其确立方法

（一）皮尔士论信念

皮尔士认为，表示事物"意义"的纯粹就是事物所引起的那些"习惯"；我们关于任何事物的观念，就是我们对它的感性效果的观念。皮尔士在论文"信念的确立"（*The Fixation of Belief*）① 中主张，思维的职能在于找出适应环境的最有利形式，以确立按一定方式行动的习惯或者说确立信念。在这里，皮尔士将信念默认为与"行动的习惯"有关，而思维的职能就在于确立我们的信念。在题为"如何澄清我们的观念"（*How to Make Our Mind Clear*）② 的论文中皮尔士主张，一个概念的意义在于它所引导的行动，以及由此得到的经验之间的内在联系和实验上的结果。

皮尔士宣称："实在"就是实在性的事物所产生的实际效果；而实在事物具有的唯一效果就在于引起信念；真理就是使行动达到指向的目

---

① Popular Science Monthly ［J］.1877（11）.

② Popular Science Monthly ［J］.1878（1）.

标的信念。"真理"能引起使愿望得以满足的行为，信仰了它，愿望就会得到满足。

(二) 确立信念的方法

关于认识活动与信念，皮尔士认为，认识的发展就是"怀疑—探索—信念"的不断循环。皮尔士还认为，确立信念的认识活动可以沿着不同的路径。他区分的不同路径有四种：固执方法、权威方法、先验方法、科学方法。

首先，固执方法（method of tenacity）是一种固执己见的方法——顽固地相信已经相信的一切，不论环境如何，都拒绝对已有的信念做任何改变。固执方法常见于性格倔强的那些人。

这种方法在一定时间和范围内可以保护信念的稳定。因此，使用这种方法的人往往能够沿着自己的既有信念走得很远，而且还能因为自己独特坚定的信念，在某些方面对他人发生深远的影响。按固执的观点理解信念，更强调信念的稳固性。实际上，站在中立的立场上看，不断转换"更好的"信念未必比坚持"一个特定的信念"更可取。后者更注重由相信达到的确定性，或者说"相信"或"信仰"在确定性的获得中是优先的；前者则以理性的批评作为不同信念或者信仰之间的裁度，而这并不是前后一致的信仰方法。从行动效果层面上讲，固执方法能够在许多需要恒心与韧性的领域导致突出成就。而"灵活的方法"则相应地在需要更多应变的领域导致成功。美国电影《阿甘正传》中，弱智的阿甘凭他对幼时女伴的信赖，确立了"遇险开跑"作为他的避险和求生策略的核心信念，并把这种信念贯彻到生活的每一处，并且一直坚持不改，靠的就是大多数人都嘲笑的固执。可是，当他用跑步代替步行，并进而要跑到横跨美国时，那些使用聪明得多的"灵活的方法"却陷入迷茫的人们反而把他作为领路人，一路跟从……所以，应该承认，固执的方法能够让人走得很远。

但这种完全出于固执己见的信念显然不能很好地适应环境变化。如果不是出于性格本身的固执，一个已有信念就会在环境变化中经受冲击并很可能被放弃掉。"社会冲击着它，采用它的人会发现其他人同他想的不一样。在比较明智的时候，他会想到，别人的意见不比他自己的差。这就会动摇他对自己的信念的坚定态度……除非我们隐居世外，我们相互在意见上必然相互影响。因此，关键是如何由共同体而不是由个人来确定信念。"①

其次，权威方法就是让国家立法规定一切信念，并进行系统的灌输，使人民不知道任何引起怀疑的事情，同时又惩治那些散布不同观点的人。这种方法在古埃及和中世纪的欧洲实行过，在有些地方很有效。但是，这种方法不会长期有效，因为没有任何国家能就所有的问题给公共意见立法。对于许多问题，个人一定会用不同于官方规定的方法形成自己的意见。当不同的共同体相互接触时，一部分人会发现，同一方法在不同的共同体中产生对立的意见，因而产生对权威方法的怀疑。这样说来，权威方法的有效程度取决于权威的"取信度"。

再者，先验方法又叫作理性方法，指笛卡尔主义的方法。偏好理性方法的人主要是哲学家。他们只相信理性或逻辑，从纯理性的观念出发进行推理。这种方法曾取得了一些成就。然而，先验方法没有产生持久的一致观点，因为每一代人都从自己的理性找到了不同的东西。

而且，理性主义者总是远离经验事实。"一切有理性的人"在古典时代是无须解释的，但实际上不同的人在运用理性方法时所达至的结论并不总是一致的。所以，皮尔士认为，先验方法也不是一种产生长期稳定信念的有效方法。

上述三种方法有一个共同的缺陷，即它们导致的信念不是由事实本

---

① Charles Sanders Peirce. Collected Papers of Charles Sanders Peirce [M]. Harvard University Press, 1931: Volume 5: 378.

身决定的，而是由生命短暂的个人、由集体偏见决定的。稳定的信念必然由稳定的东西来决定，这种稳定的东西只能是外部实在。

皮尔士因此主张，"必须找到一种方法，根据这种方法，我们的信念不是由任何人为的东西决定的。而是由外部持久性——我们的思维影响不了的东西——来决定的。"①

科学方法是最好的方法。皮尔士认为，科学方法的"根本假定是……存在实在的事物，其特性完全独立于我们的意见；那些实在的事物按照有规则的规律引起我们的感觉。虽然我们的感觉与我们同客体的关系一样各不相同，但是利用知觉的规律，我们能通过推理确定事物实际上是怎么回事。任何人，如果有足够的经验，作了充分的推理，都会了解唯一的真结论"②。皮尔士所提倡的科学推理叫做"假说推理"（abduction）。我们通过研究提出假说或理论。新的假说是新的行动方案，如果它导致失败，则被反驳，我们必须寻找新的假说；如果它导致成功，则通过了考验，从而我们的信念得到了暂时的确定。这种假说推理是皮尔士所说的科学方法的主要内容。

皮尔士的科学方法与后来波普所说的猜测与反驳法基本相似。皮尔士认为，我们从反驳比从证实学到更多的东西。正是通过形成错误意见并使它们受到经验的检验，我们才逐渐接近真理。积极的科学家"喜爱极不可信的假说，并暂予推崇。他为什么这样做？就因为任何科学命题总是易于受到反驳并一荣即逝……最好的假说，即最受研究者欢迎的假说，是这样的假说：如果它是假的，它最能痛痛快快地受到反驳。这

---

① Charles Sanders Peirce. Collected Papers of Charles Sanders Peirce［M］. Harvard University Press，1931：Volume 5：384.

② Charles Sanders Peirce. Collected Papers of Charles Sanders Peirce［M］. Harvard University Press，1931：Volume 5：384.

比貌似可信的小优点有价值得多"①。正是由于对科学结论采取批判态度，科学家才不断地进行实验，从而日益接近真理。

假说推理的后一部分是从假说推出预测并对其进行实验检验，皮尔士称为归纳法。这种归纳的合理根据在于它有自我改正的倾向。归纳"结论的可几性（probability）仅仅在于，如果所寻求的真值率没有达到，归纳过程的扩大将导致更近的近似"②。所以，科学方法从长远的观点看将把我们逐渐引向真理，引向"符合那独立于思想的东西，或者说独立于任何人的意见的东西"③，引向"抽象陈述与理想极限的一致，无穷的研究将会使科学信念日益接近那个极限"④。从长远的观点看，科学方法的独特优点是，继续使用它将使我们能改正短期内犯下的错误。

（三）科学作为沼地长征

在涉及科学方法与科学结论问题时，皮尔士认为，没有特别的理由表明目前科学的结论比其他方法得出的结论更可取。我们有充分的理由依赖科学方法，但没有特别的理由依赖这种方法得出的结论。这些结论如果与宗教信条或道德信念相冲突，并不拥有独特的权威性。我们在使用任何方法确定信念之前，已经有了信念，其中有一些我们还没有理由怀疑，有一些我们已经开始怀疑。如果我们要在两个相冲突的信念之间选择一个指导行动，那么我们理当选择可疑程度更低的信念，而它不一定是由科学方法得出的结论。而且，按照假说推理的逻辑，只有反驳是

① Charles Sanders Peirce. Collected Papers of Charles Sanders Peirce ［M］. Harvard University Press, 1931: Volume 1: 121.

② Charles Sanders Peirce. Collected Papers of Charles Sanders Peirce ［M］. Harvard University Press, 1931: Volume 2: 729.

③ Charles Sanders Peirce. Collected Papers of Charles Sanders Peirce ［M］. Harvard University Press, 1931: Volume 5: 211.

④ Charles Sanders Peirce. Collected Papers of Charles Sanders Peirce ［M］. Harvard University Press, 1931: Volume 5: 565.

确实的，而且预测的成功并不表明一个假说是真的。因此，由科学方法得出的暂时性的结论不一定比信念更正确。

皮尔士首要关心的是纯认识问题，即科学研究问题。他不想把知识的实践用途问题牵扯进来。科学研究虽然也是人的一种活动，但是一种特殊活动，是追求真理的活动。科学研究的实验活动是超出了任何利害考虑的。在实验室里，研究者乐意接受任何实验结果，因此，他对信念总是持批判态度。而"我的世界"中的行动不仅依赖确定的信念，而且还要坚持行动信念的真理性。

皮尔士说："对于科学家没有什么要命的事情。因此他接受的命题至多只是意见，它们全部是暂时性的。科学家并没有嫁给他的结论。他不为那些结论担风险。他随时准备在经验反对它们时抛弃一个或全部信念……但是在生存问题上就是另外一回事了。在这些问题上我们必须行为，我们的行动要依赖的原则是信念。"① 如是，皮尔士在纯科学和实践应用之间划了一条界线。一方面，他力主研究的自由，使科学研究走它自己的永恒发展的道路，不受社会、政治和宗教的阻碍。一旦科学被看作达到实践目的的手段，宗教和政治权威就会拿科学来为自己的特殊目的服务，这就会威胁到科学的自由和进步。另一方面，他认为，科学无权给宗教信仰立法。科学是通过大胆而高度不确定的猜测进步的，而信仰和道德关照生存问题，需要有一定的确实性和可靠性。但皮尔士并不认为宗教可以永远不受科学的干涉，否则就会阻碍研究道路。我们现在还不能预言在宗教问题上应用科学的结果，即在久远的将来，宗教将被科学所取代，或者得到科学的论证。现在还说不准哪种结果。此外，我们必须根据最可靠的信念来行动，而不是按最有前途的科学猜测来行动。

---

① Charles Sanders Peirce. Collected Papers of Charles Sanders Peirce ［M］. Harvard University Press，1931：Volume 1：653.

皮尔士说："科学并不是建立在事实的岩基上的，是走在沼泽上。我们只能说，这块土地现在还结实，我们要停在这里直到它开始动摇。"①

六、维特根斯坦的世界图景

一般认为，维特根斯坦的哲学思想可分为前期和后期，相应地，维特根斯坦也就被区分为前期的维特根斯坦Ⅰ和后期的维特根斯坦Ⅱ。实际上，在维特根斯坦的《论确定性》中表现出了迥然不同的思路。正是基于这一点，江天骥先生主张维特根斯坦的全部哲学应该被分为三个时期，即除了传统的前、后期之外，尚有《论确定性》所代表的末期，这一时期（末期）的维特根斯坦哲学以"行动的基础主义"为特征。相应地，也就有了维特根斯坦Ⅲ。我们的主要兴趣正在于这个"维特根斯坦Ⅲ"。

（一）维特根斯坦Ⅰ

维特根斯坦前期哲学思想属逻辑分析哲学，《逻辑哲学论》一书正是他这个时期的代表作。维特根斯坦逻辑原子论的真正起点是意义理论，他的思想从逻辑的基础扩展到世界的性质。他主张，命题与非命题的分界在于有无意义，有意义的命题才真正可称为命题。前期维特根斯坦用图式说回答语句为何能表述实在世界中的事实，并回答关于命题的性质问题。在维特根斯坦看来，图式反映命题与事实、语言与实在之间关系的本质，同时也反映命题的本质。图式，指实在的模型，或者指它所代表的事实。维特根斯坦强调，事实的逻辑图式就是思想，思考原子事实意味着创造它的图式，真实思想的总和就是世界的图式。

命题只有作为实在的图式才能是真的或假的。把一个命题看作一个

---

① Charles Sanders Peirce. Collected Papers of Charles Sanders Peirce［M］. Harvard University Press，1931：Volume 5：589.

图式，这是维特根斯坦前期哲学思想中的一个非常重要的观点。基于图式说，维特根斯坦制造出了语言与实在世界之间的一一对应关系。即：①命题中的简单记号与事实中的简单成分相对应；②原子命题与原子事实相对应；③复合命题与复合事实相对应；④命题的总和与事实的总和相对应。这些对应的实质在于结构特性的一致。这一时期的维特根斯坦认为，一方面，名称的结合构成原子命题，原子命题的结合又构成复合命题；另一方面，对象的结合构成原子事实，原子事实的结合又构成复杂事实。从这两个方面的构成就可推论出它们的对应关系。

维特根斯坦所建立的图式说的基本点就在于语言与实在、命题与事实都处于形式关系之中，而且它们在结构上相似。维特根斯坦从命题的原子性达到事实的原子性，从语言的最简单成分达到对象构成世界的实体，由此描绘出一幅逻辑原子论的世界图画。维特根斯坦的图式说要求有与世界同构的语言。图式说从逻辑上决定了在语言中可思考的东西。因为思考原子事实就是创造它的图式。凡可思考的，就是可能的，就是可说的。维特根斯坦认为，大多数哲学问题出自对语言逻辑的误解。在他看来，哲学不是一种理论而是一种活动，它并不导致所谓哲学命题，只是对命题加以阐明，澄清它的意义。在这一时期，他把哲学的目的归结为逻辑地显现思想。

图式说要求一个正确的命题必须重现有关的事实结构。维特根斯坦把这个要求当作一种奇怪的逻辑神秘主义的基础，他主张逻辑形式只能显示而不可说出来。维特根斯坦主张神秘主义，公开承认并要求唯我论，使得他在这一时期的观点与大多数哲学家的观点难于兼容。图式说所要求的语言与实在世界的一一对应关系，以及名称与它所指对象的一一对应，造成了维特根斯坦Ⅰ的根本困难，并由此引起了维特根斯坦在哲学思想上的重大改变。

（二）维特根斯坦Ⅱ

维特根斯坦在其后的哲学思想中，抛弃了图式说及其在此基础上所建立的逻辑原子论，以语言游戏说代替了图式说，以语言分析代替了逻辑分析，以日常语言代替了理想语言。此外，他还引进了"生活形式"概念。

维特根斯坦的后期哲学仍然以语言理论为基础，同时也关心并探讨语言的性质和界限、词的意义以及有意义与无意义的分界等问题。不过，他对这些问题采用了经验的考察。最后以语言的杂乱性观念代替了语言与实在之间结构上的一一对应观念。

维特根斯坦的后期哲学着眼于语言的使用，把语言看作一种活动，并把语言和游戏加以对比，产生了语言游戏理论。这个理论是通过游戏了解语言，说明语言。要点如下：①语言像游戏一样，是一种没有共同本质的复杂的现实活动；②语言的用法、词的功能和语境等也像棋子的走法、棋式一样，都是无穷多的；③一个棋子的走动有其目的，同样，一个词的使用也有目的；④下棋游戏有规则而实际下棋时并不处处受规则限制，词或语言的使用也是如此，并且游戏和语言的规则在一定意义上都是随意的。

语言游戏理论的基本观点是首先把语言看作活动。一方面，它认为语言游戏本身意味着语言的活动，好比棋戏意味着棋子的走动；另一方面，则把语言看作是人的活动的一部分。

维特根斯坦指出，语言游戏注重词及其功能的复杂性和多样性，而词的用法包括命题、语言都没有本质，而只有"家族相似"。"家族相似"指在一个家族中，总有一个成员与另一个成员相似，但其相似之处未必也是他与第三个成员的相似之处，并且没有一种相似之处是所有家族成员共有的。他认为，像一种普通游戏是一种社会活动形式那样，语言游戏也属于社会活动。维特根斯坦还把语言与"生活形式"概念联系起来，并借助于生活形式概念重新解释语言。他看到了语言的社会性、私人语言的困难，并强调采用日常语言。

维特根斯坦后期哲学中意义说的直接基础，是把词看作语言游戏的工具。这种意义理论的一个最基本的观点，是认为一个词的意义在于它在语言中的用法。这就需要强调特定语境，强调语言游戏整体对其中角色的制约。这一时期的维特根斯坦认为，哲学病症主要来源于没有看清楚词的用法，哲学不是说明而只能描述语言的用法。

维特根斯坦Ⅰ对逻辑实证主义有决定性影响。维特根斯坦Ⅱ对日常语言哲学和科学哲学中的历史主义有较大影响。

（三）维特根斯坦Ⅲ

维特根斯坦的末期哲学可以称作"行动的基础主义"，当然，这一"基础主义"并非笛卡尔式的基础主义。这一时期维特根斯坦主要关注"行动如何可能"的问题。由于这一时期的维特根斯坦关于"知道""信念""知识""真理"和"确定性"的论述与本书主题的密切关联，我们将以更多的篇幅加以讨论。

1. "知道"

关于"知道"或"我知道"，维特根斯坦区分了三种不同用法，即"哲学的""对话的"和"习惯与行动的"。

对于摩尔（G. E. Moore，1873—1958）哲学的"我知道"，维特根斯坦Ⅲ答复："你什么也不知道。"因为此时的维特根斯坦反对任何这种形而上学地加以强调的关于"知道"的用法，除此之外，更因为摩尔并没有为旨在反驳怀疑论的那些语句提出任何根据。

维特根斯坦偏好对话的"我知道"，如"我知道这事情，我对别人说。这里就有理由，但我的信念却没有理由"①，所以他宁愿把这个表达式保留给正常的语言交流场合。这里，"我知道"意味着：我的陈述有合适的根据。

习惯与行动的"我知道"所表达的知识在生活中更重要。"我知

① Ludwig Wittgenstein. On Certainty［M］. Blackwell, Oxford, 1969. §175.

道＝我确定地熟知这件事。"① 当我们开始相信任何事情时，我们相信的不是一个单独的命题，而是整个命题系统。"……并非我能够描述这些确信的系统。然而我的确信的确形成一个系统，一个结构。"② 一切语言游戏都是以语词和"对象"再次被辨认出来为基础。这是"我"的生活实践所必须依赖的知识。任何人都有很多这种无须陈述的、表现于平日行动习惯中的知识。

而这些并不表述为命题的、表现为行动的确定性和不可怀疑性的知识，可以认为是末期维特根斯坦最富有创见的看法。

2. 信念和知识

维特根斯坦Ⅲ认为，知识（包括科学和常识）和信念严格地说有区别。知识有客观的确定性（不可能错），而信念的确定性是主观的；"知识"要求有根据或者证明，但有根据的知识并非无条件地是真的；日常生活经过反复实践的信念无需证明或不能够证明（因为没有比它本身更确实的证据），可以叫作知识，而且习惯上都使用"知道"这个词。所以，在维特根斯坦Ⅲ看来，信念不是知识，但也是知识。这里有两个不同的知识概念，江天骥先生称后者（即"是知识的信念"）为"前理性的知识"，它指个人从幼时起在生活中听到、看到的许多事情，指通过自己的实践不加反思地获得的许多知识。这种知识可以有"令人信服的根据"而得到客观确定性。前一个概念（即"不是知识的信念"中的"知识"概念）是理性知识，它指我们在学校和其他社会机构学到的以及同别人交谈所得到的一切知识，包括真的和假的知识，但都是通过个人理性反思获得的。这个知识概念的特殊之处在于它并不断言知识一定是真的。

维特根斯坦Ⅲ指出，人类的共同行为所给予我们的确定性是我们一

---

① Ludwig Wittgenstein. On Certainty［M］. Blackwell, Oxford, 1969. § 272.

② Ludwig Wittgenstein. On Certainty［M］. Blackwell, Oxford, 1969. § 102.

切行动的基础。它甚至并不表达于命题中，因为语言本身依赖它。我们语言的特征在于它是在我们的稳定生活形式，即我们按照规则行事的行动方式中。在他那里，语言游戏的本质是一个实践方法（一种行动方式）——不是思辨，不是闲谈。他主张语言游戏在本质上是在某些点上没有怀疑。或者说，语言游戏的本质就在于谈话者兼行动者的绝对确定性。对一个语法命题谈不上知道或不知道，因为它不是假说，无所谓真或假；只对经验命题可以说它真或假。

3. 确定性与真理

维特根斯坦指出，"确信"和"知道"的区别并不重要，除了在"我知道"意指"我不可能是错的"这个场合之外。在并不存在怀疑以及进而表示怀疑就显得莫名其妙的地方说"我知道……"是合适的。① 正像确定性和知识的关系那样，知识和真理的关系也有两方面。"我要说并非在某些点上人们以完全的确定性知道真理，情况恰恰是：完全的确定性不过是他们的态度。"② 但要区别哲学家和平常人的知识，当哲学家说"知道"时，他应该能辩护他的陈述。而日常生活则不同：知识＝真理，真理＝知识。从理论上说，知识并不就是真理。另一方面在生活实践中，我们却常有真理的知识，即知道许多真理。维特根斯坦指出，"'我知道'涉及（谈及）证明真理的可能性"③；"关于物质对象的陈述不同于假说，假说若被确证是假的，就会被别的替代，而前者则是我们进行思想、语言运算的基础"④。

4. 命题类型、意义与辩护

维特根斯坦Ⅲ还区分了几种不同的命题：逻辑命题、语法命题、逻辑规则或检验规则以及经验命题。其中，仅仅经验命题才有真或假可

① Ludwig Wittgenstein. On Certainty ［M］. Blackwell, Oxford, 1969. §10.

② Ludwig Wittgenstein. On Certainty ［M］. Blackwell, Oxford, 1969. §404.

③ Ludwig Wittgenstein. On Certainty ［M］. Blackwell, Oxford, 1969. §243.

④ Ludwig Wittgenstein. On Certainty ［M］. Blackwell, Oxford, 1969. §401, 402.

言，其他命题或是永真或是无意义的（nonsensical）。说"我知道我什么地方感到疼痛""我知道我这儿感到疼痛"与"我知道我感到疼痛"，同样是错误的。因为这三个关于私人感觉的命题没有意义。它们不是经验命题，不涉及语言和世界的关系。而说"我知道你哪儿碰到我的胳膊"则是有意义的。①

维特根斯坦不仅承认主观的确定性，他还肯定主观确信在满足了一定条件之后可以成为客观的确定性。所以，他主张与笛卡尔的基础主义有别的另一种基础主义。他指出，"……提供根据，为证据辩护有一个终点，但终点不是某些命题引人注目地立刻令我们觉得是真的，它不是我们方面的一种明了（seeing），而是作为语言游戏基础的行动（acting）"②。这是立足于行动的基础主义。传统基础主义为科学辩护，旨在说明科学知识如何可能。维特根斯坦基础主义是为常识辩护，它要解决行动如何可能的问题。

维特根斯坦在后期谈到根据问题时只是说："　　根据不是逻辑地蕴涵信念的命题。"③ 而在末期他则认为，提供根据是有终点的，"但终点不是某个无根据的预设，而是一个无根据的行动方式"。"用经验来辩护到达终点，如果不这样它就不是辩护了"。④ 维特根斯坦思想的进化过程中，前期逻辑是最主要的，后期则是语言最重要，到了末期重要性不在于语言本身，而在生活实践，即行动。

5. 世界图景

维特根斯坦认为，求知的活动是在一个系统中进行的。这是一个信念系统。虽然我不能够描述这些信念的体系，但这是我的"世界图景"（world - picture）。描述这个世界图景的这些命题可以是一种神话的一

---

① Ludwig Wittgenstein. On Certainty［M］. Blackwell, Oxford, 1969. §41.
② Ludwig Wittgenstein. On Certainty［M］. Blackwell, Oxford, 1969. §204.
③ 维特根斯坦. 哲学研究［M］. 李步楼译. 北京：商务印书馆. 1996：205 §481.
④ Ludwig Wittgenstein. On Certainty［M］. Blackwell, Oxford, 1969. §：95.

部分。它们的作用像游戏的规则，这个游戏能纯粹靠实践学会而无须学习任何明显的规则。

我们的世界图景是从长辈、老师、朋友等学来的，不是我自觉地通过思考认为正确而接受的。它是我继承来据以区别真和假的背景（信念）。

我们根据世界图景去区分真和假，但世界图景本身既不真也不假，它是没有根据的，类似于神话。人们的世界图景可以很不相同，彼此不可通约。例如，我们认为没有人到过200光年以外的星体，我知道自己从来没有到过那里。假如有人相信人们曾经被携带离开地球，以超光速的飞行速度到过200光年以外的任何星体，我觉得自己和这些人在理智上有很大距离。我会认为，这是违反物理学规律的。依照我的信念系统或世界图景，这件事是不可能的。

维特根斯坦Ⅲ探究的问题是生活实践，即行动本身如何可能，而不是科学知识如何可能的问题。他的结论是，一切行动的基础是人们的信念系统或世界图景，亦即是神话。神话是不可证伪的（也不可证实的）真理（或谬误）的根据。提供理由的终点正是这种神话。为真（或假）提供根据的神话本身却无根据。但这过程并不因此就是不合理的。

我们的行动本身（包括科学知识）植根于一个似神话的世界图景中，可以说我们的实践是自立基础的，是合理的。

从维特根斯坦的"世界图景"，我们看到了辩护终点继"自明的必然真理"和"直接的感官经验"之后的又一次退移。然而这一次辩护的基础已经不再是主体内在的感觉或者反思，它是一个广阔得多的"世界图景"。借助"世界图景"我们可以看到"主体间性"的一抹曙光。那些我们自幼获得的、未曾明言的信念系统，这个"世界图景"正是我们的"默认信念系统"。只要这种"世界图景"不是完全不可通约的，主体间的沟通、"范式"之间的"通约"就不是完全不可能的。

除上述诸家理论外，信念理论研究另有晚近的丹尼特（D. Dennett）

的工具主义理论和斯蒂奇（Stephen P. Stich）的心理句法理论（the syntactic theory of the mind）等，由于这些理论与本书的主要兴趣存在明显差别，在此不一一讨论。

本章小结

休谟和康德分别从不同的角度就信念的根源、特征、性质、类别进行了富于启发的分析和总结。他们的观点一直都有着重要的理论指导意义。

休谟用"较强的力量、活泼性、坚定性、稳固性或稳定性"对相信的观念与不相信的观念进行了区分，尽管对此很难提出异议，但我们不太赞成休谟关于信念与虚妄的不同也是由于"想象方式"的不同的观点。休谟主张，一个意见或信念只是一个观念，这个观念与虚构不同之处不在于它的本性，或是它的各部分的秩序，而在于它被想象的方式。实际上，虚构之有别于信念，不仅在于它被想象的方式，也在于它是"想象单独所提供于我们的一个虚构的观念"。即，在纯粹想象所作虚构的层面上，它已经有别于"真实"。因此，"真实"，至少是"被认为真实"，是信念与虚构的区别要素之一。另外，"想象方式"之于信念似乎太窄了一些。既然信念与心理倾向有关，既然它还是行动的支配原则，那么，它之不同于一般观念当然不只是被想象的方式的差异。所以，一种更为合适的说法应该是："被对待的方式"。

康德的信念理论就我们所关注的信念问题勾画了一个大体的轮廓，这一轮廓可以指导进一步的研究。在康德关于打赌的检验方法中，实际上隐含着一个未曾展开的重要话题，那就是置信度的问题。后期的逻辑经验主义以概率的真取代了绝对的真。如今，人们已经开始普遍接受一种关于有一定的可确证性（confirmability）的真理观。"真"是就一定的程度而言的。传统的"全"或"无"（即要么真，要么假）真理观已经发生变化。

　　对于那些部分置信的命题，我们实际上也有一个置信的程度。康德关于打赌的例证，恰恰从实践的层次上将不同的置信度以形象的方式定量地显示出来。

　　赖尔关于意向词的观点以及将信念作为行动本身的属性的观点，有力地推进了信念作为行动的指导原则方面的研究。因为在这样一种框架下，没有"信念是否是行动的指导原则"的问题，只有"信念如何作为行动自身的属性具体发挥指导作用"的问题。就相信者对于特定命题所抱态度而言，信念确实就是准备行动的倾向。但就这种态度所针对的对象而言，它又还是一种"事件"或"状态"。而按照赖尔的观点，因为"信念"属于他所说的"意向词"，它不应该是一种事件或状态。这一点在他之后的研究中受到了反对。另外，就"我相信今天下午要下雨"而言，我们就是有"将衣服收进来""告诉朋友出门带伞"等倾向，但"我相信今天下午要下雨"同时又是对于"今天下午要下雨"的确定的肯定态度。这依然是一种"状态"。

　　阿姆斯特朗坚持了赖尔的倾向理论的基本观点，即认为信念是一种行为倾向。但它没有还原论动机，并避免了赖尔的理论所陷入的一些困难。然而，他把信念这一事实当作是行为背后的、引起行为的状态这样的事实，可这正是赖尔所坚决反对的观点。因而根据赖尔等人的立场，这又有陷入二元论的嫌疑。但在阿姆斯特朗看来，经过修改的信念理论绝不会因此而沦为荒唐，不至于落入二元论的窠臼。因为他强调说：作为信念的状态尽管是与行为相分离的，但仍是一种物理状态。也就是说，他试图对信念作同一论或等同论的说明。而这似乎又陷入了另一种形式的还原论，即把信念等同于大脑的物理状态，而不是等同于有机体的行为或行为倾向。实际上，这种将信念等同于某种大脑的物理状态的做法，确实没有告诉我们多少有用的东西。

赖尔将信念解释为以一定方式行事的倾向，阿姆斯特朗把信念等同于大脑的物理状态，而不是等同于有机体的行为或行为倾向。而弱功能主义则强调作为物理状态的信念状态实际上是一种功能状态，一种神经生理的机能状态。但是，同一信念有不同的行为表现，同一行为表现可由不同信念产生。从信念到行为或者从行为到信念的关系并非一一对应的。

因此，任何伪装的行为，只要通过一定的符合行为主义识别标准的方式就可骗过他们。如果说常识是将自己对于自身信念的知晓直接用于他人，行为主义在这方面一点也不更加高明。行为主义借助的仅仅是外在的行为表现吗？如果是这样，这就等于是说：行为表现直接等于信念。显然，他们自己也意识到这种说法会遇到严重的困难。行为主义者是以行为为对象，对其进行了解释才断定行为者持有某种信念的。无论这个信念是行为倾向、是大脑的神经生理状态，还是这种生理状态的机能，用了从行为追溯到信念的这个解释原则是什么呢？是像遗传密码一样通用和严格决定的吗？显然不是。

设想一个完全陌生的人，极端地考虑，一个来自别的星球的"太空人"，或者一个类似电影《未来世界》里面的 2000 型智能机器人那样与我们看起来没有差异、但安装了我们全然陌生的程序的机器人，那么，行为主义能发现他们的"信念"吗？对于一个不同于我们的、完全是异类的"人"，尽管他也有行为，行为主义据以解释"人的行为"的解释原则已经失效。

可见，行为主义者依据的仍然是自己对自身信念的了解，并据此对他人的信念进行解释。这种意义上，行为主义是以行为为对象对信念进行解释的。相形之下，常识却不仅以行为，还以预感、直觉以及别的所有迹象和全部经验一起来断定被观察者的信念。从这种角度看，行为主义对信念的理解并不比常识的理解更有价值。

皮尔士把信念提升到了哲学上"郑重其事"的重要地位，因为思维的职能就在于确立信念。皮尔士要用"实效"和"信念"重新定义一种新的哲学。他宣称，"实在"就是实在性的事物所产生的实际效果；实在事物具有的唯一效果就在于导致信念；而真理就是使行动达到指向的目标的信念。"真理"能引起使愿望得以满足的行为，信仰了它，愿望就会得到满足。他所推崇的"科学方法"是一种依照具有外在持久性的东西来确定我们信念的方法。皮尔士富于创见的地方在于，他把科学研究的进程描述为不断获取进一步的信念的过程，尤其是他所主张的科学方法是一种开放的方法，一种允许不断被超越的方法。

维特根斯坦在末期哲学中将信念的辩护终点推回到不容怀疑的"世界图景"，较前期和后期哲学更加令人信服。行动在辩护链条中的重要性被显著地凸现出来。经由实践习得的"世界图景"之作为行动的基础，已经跨越了从"第一原理"向全部哲学的展开。根据维特根斯坦关于命题类型的分类，"世界图景"不属于经验命题，无所谓真假。因此，"世界图景"是不可证伪的。借助一个不可证伪的东西来做辩护，当然可以作为"最后的辩护"。

问题是，这种"世界图景"在何种尺度上澄明了我们的思想，又在何种尺度上换了一种方式把问题放进一个更加笼统的概念。

照我们的考虑，我们每个人都有的信念，是我们就一定的事物持有的确定的肯定态度，它通常表坝为命题形式（在"默认信念"形式中，可以是非命题形式）。一定的信念是我们据以思考、谈论和行动的指导原则。信念是"我的世界"中确定无疑的根据，它们代表了"我的世界"的确定性。这种确定的根据支配我们的行动，反过来，我们的行动也导致进一步的确定性。

信念的确定性与我们"相信"某一所信有关。"相信"与"怀疑"是不对称的。这种不对称性是我们能够凭借信念开始认识同时又经由怀疑更新认识的基础。对"信念"和"行动"的基础的进一步追问，似乎不可避免地会走向维特根斯坦的"世界图景"。因为在早期经历中，我们确实早就在坚信许多的事情，尽管我们不能清楚地表达那些笃信不疑的事物。因此，默认的信念中有些甚至是不能清楚表达的信念。我们实际上不曾怀疑已有的生活经历，也没有必要假装怀疑自幼习得的"世界图景"。我们的行动需要凭依一定的根据。借助这种（内在的）根据，我们能够决定自己是否要行动以及该如何行动。通过行动，我们的愿望（desire）能够在现实的境域中得以满足。决定我们行动的不是单一的信念，而是一个复杂的系统。给我们的信念提供辩护的根据，曾经被认为是"自明的真理"或者"直接的感官经验"。然而，这种辩护并不能令人感到满意。为什么提供辩护的不是由这些"自明真理"与"直接感官经验"历史地构成的、不断变易的系统？在"我的世界"里，已有的经历勾画的"世界图景"，正是这样一个"默认信念系统"。它作为对各种信念的辩护，优于任何仅仅停留于观念层面的其他"根据"。

第二章

信念的确立

信念如何确立的问题在本书第一章关于皮尔士的信念理论部分讨论了他的理论。皮尔士认为，信念的确立有四种方法，即固执方法、权威方法、先验方法和科学方法。他推荐依科学方法来确立信念。因为根据科学方法，我们的信念不是由任何人为的东西决定的，而是由外部持久性即我们的思维影响不了的东西来决定的。

第一节　信念的形成

信念的形成既遵循内在的原则，也受到教化与认知的影响。

一、信念形成的内在原则

信念的形成有其内在原则。休谟曾经就这种原则从观念层次做过仔细的讨论。在休谟那里，信念就是与现前印象有关的一个生动观念。在谈到它是由什么原则得来、是什么东西赋予观念以那种活泼性的时候，他认为，"当任何印象呈现于我们的时候，它不但把心灵转移到和那个印象关联的那样一些观念，并且也把印象的一部分强力和活泼性传给观念。心灵的种种作用在很大程度上都是依靠于它作那些活动时的心理倾向；随着精神的旺盛或低沉，随着注意的集中或分散，心灵和活动也总会有较大或较小程度的强力和活泼性。因此，就有这样的事情发生：当心灵一度被一个现前印象刺激起来时，它就由于心理倾向由那个印象自然地推移到关联的对象，而对于那些关联的对象形成一个较为生动的观念。各个对象的交替变化十分容易，心灵几乎觉察不到，因而它在想象那个关联的观念时，也就带着它由现前印象所获得的全部强力和活泼性"①。这种印象向观念传递的"活泼性"可以使得观念获得特别的鲜明与生动。那么，产生这种活泼性的原则是什么呢？这主要有三种关系：类似关系、接近关系和因果关系。通过这三种关系都能够给观念造成特别的"强力和活泼性"。

　　关于类似关系，休谟举例说，看到不在面前的朋友的相片时，我们对他的观念显然被那种相片与关于他本人的观念之间的类似关系赋予一种生气。由那个观念所引起的情感也都获得一种新的强力和活泼性。如果相片很不像他，或者根本就不是他的相片，这张相片就根本不会使我们想到他。如果相片和他本人都不在面前，心灵虽然可以从想起相片推想到那个人，但这种间接的关联反而使得关于他的观念受到减弱，而不是增强。当友人的相片放在我们面前时，由于类似关系，关于友人的观念得到了增强，我们可以感到一种更亲切的快乐。但是如果没有相片，我们就宁可直接想他，而不借反省一个同样远隔而模糊的关于像片的影像来想象他。休谟还谈到，罗马天主教与此类似的、注重类似关系活跃观念的作用的那些教仪。该教门所举行的哑剧使信徒们感到那些外表的行动、姿势和动作的良好效果，这些姿态表情可以活跃他们的信仰，鼓舞他们的热忱。信徒们认为，如果不是这样，他们的信仰如果完全向着远隔的、精神的对象，就会消沉下去。因为在可感知的象征和形象中，信徒们隐约体会到他们信仰的对象。尤其是，因为这些象征呈现眼前，使对象较之只用一种理智的静观和思维显得更加亲切，如同身临其境。

---

①　休谟. 人性论 [M]. 关文运，译. 北京：商务印书馆，1983：118.

可感知的对象比其他任何对象对想象总是有较大影响，它们把这种影响迅速地传到那些与它们关联并与它们类似的观念。通过这一例证，休谟想表明，在使观念活跃起来这点上，类似关系的效果是很普遍的。

关于接近关系，休谟主要是指空间（和时间）上的接近（从某种意义上讲，类似也可以算是属性上的接近），"距离确实会减弱任何观念的力量，而当我们接近任何对象，它虽然还未呈现于我们感官之前，可是它作用于心灵上时的影响，却类似于一个直接的印象。思维任何一个对象，就会立刻将心灵转移到和它接近的东西，不过只有当一个对象实际呈现出来时，才能以一种较大的活泼性将心灵转移"①。当离家只有几里地时，一切和家有关的东西都比在离家数百里地时更能感动一个人；尽管在远离故土的时候只要反省与朋友和家人们邻近的任何东西也会对他们产生一个观念。但这时候由于心灵的两种对象都是观念，其间虽有顺利的推移，却因缺乏一个直接印象而不能赋予任何一个观念以较大的活泼性。（与此类似地，时间上的接近也有同样的效果。）

至于因果关系，与类似和接近一样，也有同样的影响。圣徒的遗物之所以受到迷信的人们的喜爱，与追求象征和形象的理由一样，都是为了活跃和保持他们的信仰，使得他们对于自己所想模仿的那些圣徒的生平产生一种亲切的、强烈的概念。珍藏圣徒的遗物是因为那些遗物一度曾经为圣徒所使用，被他移动过、抚摸过、相伴他的生平。在这一方面，这些遗物虽然不能视同圣徒本人，但比起关于圣徒的纯粹的观念来，这些遗物毕竟有与圣徒本人更直接的关系链锁，较之人们据以想象他的真实存在的其他任何关系链锁，都较为短些。这个现象清楚地证明了一个现前印象与因果关系结合起来可以活跃一个观念，结果就产生了信念或同意。

休谟认为，"对于我们所相信的每一个事实，我们确实都必须有一

---

① 休谟．人性论［M］．关文运，译．北京：商务印书馆，1983：119—120．

观念。这个观念的发生确实只是由于它和现前印象发生一种关系。信念对观念确实没有增加什么，它只是改变了我们想象它的方式，使观念变得比较强烈而生动。关于关系的影响所做的现在这个结论，是所有这些推理步骤的直接结论；每个步骤在我看来都是确实而无误的。出现于这种心灵作用中的，只有一个现前印象、一个生动的观念，以及这个印象与这个观念在想象中的关系或联结；因此，不可能怀疑其中有什么错误"①。一个现前印象通过上述三种关系经常地与一个观念相关联，这就是休谟所说的信念形成的过程。在由一个现前印象推出某种结论，而形成一些可以说是我相信或同意的观念的情形中，我们只应当把现前的印象认为是观念和伴随它的那种信念的真实原因。

　　关于一个现前印象对信念形成的必要性，休谟的观点如下。第一，现前印象与其他某种印象经常结合在一起能够产生信念。现前的印象借其本身的能力和效力，并且当它作为只限于当前这一刹那的一个单一的知觉单独地被考虑时，它并不能活跃一个观念。"一个印象在其初次出现时，我虽然不能由它推得一个结论，可是当我后来经验到它的通常结果时，它就可以成为信念的基础。"② 第二，习惯是由现前印象而来的信念的根源。伴随现前印象而来，并由过去许多印象和许多次结合所产生的这个信念，是直接发生的，并没有经过理性或想象的任何新的活动，并且在主体方面也发现不出可以作为这种信念的基础的任何东西。凡不经任何新的推理或结论而单只由过去的重复所产生的一切，都称之为习惯，所以，即凡由任何现前印象而来的信念，都只是由于习惯那个根源来的。当我们习惯于看到两个印象结合在一起时，一个印象的出现（或是它的观念）便立刻把我们的思想转移到另一个印象的观念。第三，从观念到观念的推移由于缺乏像在从印象到观念的推移中那样可以

---

① 休谟. 人性论 [M]. 关文运, 译. 北京: 商务印书馆, 1983: 121.
② 休谟. 人性论 [M]. 关文运, 译. 北京: 商务印书馆, 1983: 122.

传递的活泼性，并没有信念或信心。他认为，把第一印象改变成一个观念，就会观察到，转到相关观念的那种习惯性的推移虽然还存在，可是实际上已经没有信念或信心了。因此，一个现前印象对于这整个的作用是绝对必需的。"……信念是我们因为一个观念与现前印象发生关系而对那个观念所做的一种较为活泼而强烈的想象。"

在其他的场合，休谟说过：信念"是与现前一个印象关联着或连接着的观念"①。"一个意见或信念可以很精确地下定义为：和现前一个印象关联着的或联结着的一个生动的观念"；"信念，依照前面的定义，是由于和一个现前印象相关而被产生出的一个生动的观念"；"即信念只是对任何观念的一种强烈而稳定的概念，只是在某种程度上接近于一个现前印象的那一个观念"②。这里显示出休谟在使用"信念"一词的时候前后的出入。关于它到底是一种特殊的"想象方式""想象""观念"，还是"概念"，这其中有一些相区别的成分，但休谟并没有在意去加以区别。可无论如何，休谟关于信念形成理论的中心在于观念如何获得"信念"所独有的"强力"和"活泼性"。"当我相信任何原则时，那只是以较强力量刺激我的一个观念。当我舍弃一套论证而接受另外一套时，我只不过是由于我感觉到后者的优势影响而做出决定罢了。对象之间并没有可以发现的联系；我们之所以能根据一个对象的出现推断另一个对象的存在，并不是凭着其他的原则，而只是凭着作用于想象上的习惯。"③

这样说来，是否就意味着一个当时就在场的现前印象就是信念所必须的呢？因为，从上述引证中，我们看到，休谟一直都在强调"一个现前印象"的必要性。如果真是如此，休谟的信念定义中就显然有我

① 休谟. 人性论［M］. 关文运，译. 北京：商务印书馆，1983：111.
② 休谟. 人性论［M］. 关文运，译. 北京：商务印书馆，1983：114 注①.
③ 休谟. 人性论［M］. 关文运，译. 北京：商务印书馆，1983：123.

们不能同意的地方。在回答想象由一个观念，而不仅仅是印象，也可以引起推理的问题时，休谟提出的理由是，一切观念既由相应的印象得来，那就更可以提出这样的反驳——假如我现在形成一个我已忘记它的相应的印象的观念，我还是可以根据这个观念断定那样一个印象确曾一度存在过。（也就是说，从根源上说，所有的观念都源于印象。）这样一个断定既然伴有一种信念，那么如果有人问，构成这种信念的强力和活泼性这两种性质是从哪里得来的？可以立即答复说是由现前的观念得来的。因为这个观念在这里不被认为是任何不存在的对象的表象，而被认为我们在心中亲切地意识到的一个实在的知觉，所以它一定能够以心灵反省它、并确信它的现前存在时所带有的那种性质（我们可以称之为稳固性、坚定性、强力和活泼性）赋予任何与它关联的东西。观念在这里代替了印象，而且对于我们现在的目的来说，完全有同样的作用。

涉及其他形式的非现前印象的因素时，休谟的解释更可以表明他的本意。"根据同样一些原则，当我们听说对于观念的记忆，即听说观念的观念以及它比想象的散漫概念有较大的强力和活泼性的时候，我们也无须惊异了。在想到我们过去的思想的时候，我们不但描绘出我们先前所思想过的对象，而且还要想象先前默想时的心理作用，即那种无法下定义、无法形容、可是每人都充分了解的'莫名其妙'的活动。当记忆呈现出这样一种情景的观念来、并表象它已成过去时，我们就很容易设想，这个观念怎么会比我们想到我们所记不起来的一个过去思想时，具有较大的活力和稳固性。"[1] 大致说来，休谟认为，由一个现前印象经常关联某个观念，这种关联经常化了以后就会成为一种联想习惯，这种习惯就是形成信念的根源。信念是因观念与现前印象发生关系而对观念所做的强烈而活泼的想象。

---

① 休谟. 人性论 [M]. 关文运，译. 北京：商务印书馆，1983：126.

　　休谟关于信念形成的这一番理论，也许是太专注于印象和观念层次的原因，让人觉得太狭窄，不足以很好说明与信念相关的许多问题。比如，何以有人能够对根本不曾有过印象的东西有信念？如果形成信念的"心灵作用"就是从"印象"到"观念"，到被赋予强力和活泼性的特殊的"想象"方式，我们的信念就会是像生理活动一样完全被决定的。信念的形成除了观念层次的关系之外，还与个人的认知活动以及环境因素有关。

二、教化与认知的影响

　　我们能够进行批判性的思考之前的大部分信念是直接通过社会教化获得的。这些经教化形成的信念，最能体现传统、文化和社会的特色，它们往往不只是个人的信念，而且范围涉及人生、社会、宗教、价值各个方面。从信念作为行动的指导原则角度考虑，信念对持信念者是具有实际效用的。信念"会使那些在任何情况下都是必要的事情变得轻而易举，圆满得体"[①]。信念可以是适应性的，也可以是防守性的；可以是共性的，也可以是个性的；可以是现实的，也可以是妄想的。但无论如何，"信念是善处的手段"，它能够使人明白存在的意义，改进个人的运气，担当命运，获得个性，并得到一些"幸福"。

　　学习无疑是信念获得的重要渠道。父母、教师、长者和社会环境等都向我们传播了许多信念。在我们还不具备鉴别能力的时候，我们的心中早已经装满了各种各样的"信念"。除非一个人真正重新开始审视他所持有的信念，并对它的确实性进行探询，然后重获确定，否则，他的信念就会一直保持为最初的状态。我们甚至在著名的学者中也很容易找到那些持有十分幼稚的信念的例子。弗洛伊德强烈反对对儿童进行早期

---

① William James. The varieties of religious experience. New York：Mckay，1902. Cited from Collier Books，New York，1961：57.

宗教教育的原因就在于，他认为，在孩子们对宗教既不感兴趣又不能领悟其含义时，给他们介绍宗教的教义……这样，当儿童的智力觉醒时，宗教教义已在孩子的头脑中固若金汤，难以被攻破了。就宗教中对怀疑者的反应，弗洛伊德指出了三种可能的教化方式，即告诉他们：第一，宗教训示是值得相信的，因为他们的祖先相信这些教义；第二，宗教权威拥有信念的证据，或者直接把经文圣典作为信仰的权威——而这恰好往往是他们觉得值得怀疑的东西；第三，对于宗教信念的确实性产生疑问是邪恶的。这样，那些人就会认识到，对宗教信念的怀疑是无礼的、错误的或者有罪的。教化虽是潜移默化的，却是强而有力的。中国封建时代的"三从四德""忠义孝道"，从识字念三字经的时候就已经开始了学习。现代教育中，"科学"概念并非在成年以后才开始使用，三岁的孩童就知道用"科学"取代"好""合适"，或者"有道理"来谈论事情。比如，他们会说："躺着看书不'科学'""应该'科学'地安排好写作业和看电视的时间"等。尽管没有几个孩子真正懂得"科学"意味着什么，但他们已在谈论"科学"。

与教化类似的另一种形成信念的方式就是对所属团体的遵从和社会角色的自居作用。从个人的角度看，这可以说是一种基于心理原因的自觉行为。即使没有受过直接的教育，人们也会附和他们所属的那些群体的立场——首先是从家庭这个群体开始，儿童学习并最终相信他周围的人所说的话。如父母是教师又在校园中长大的孩子，会更多地相信"小孩子要懂礼貌""年轻人应该显得有教养"；军人家庭的孩子，则更容易相信"不守纪律不是好孩子"。这些孩子，不仅按照团体的规范去想、去说、去做，还以团体一份子的身份自居，形成与团体一致的信念。其遵从的压力常常是巨大的，而且无孔不入，而不遵从者将受到背景文化的反对。那些对普遍的宗教信念提出疑问的人，经常被认为有罪、离经叛道甚至低人一等。不能够以社会预期角色自居的人，也会产生不同程度的适应困难。

　　从认知角度看，面对各种人各种事，面对我们自身以及他人不同的行为产生的不同后果，我们总是千方百计想要寻找其中事物的性质和造成特定结果的原因，以期获得对事物的把握和行为的可能结果的预测。这就是所谓归因。归因实际上是从行为结果反推行为原因的过程。比如，一个骑车人猛然发现一辆驶入非机动车道的出租车正朝自己开过来，突然向人行道躲避，结果打翻了冷饮摊档的冰柜……就这起事故，观察者可以归因于出租车司机——因为他不该把车驶入非机动车道；也可以由于出租车车速很低而归因于骑车人反应过当；还可以归因于卖饮料的老太太把冰柜挪得太靠近马路。有关当事人事后就事件都会有一番自责的理由。骑车人不得不承认头天晚上睡得太晚，事发当时脑子很乱，心情也不好。事后自己也在心里警醒自己：真得小心！这样出门弄不好真能出事。其中，骑车人将出事时的心情不好归因于休息不足，是将心理活动作为结果，反溯这一心理活动的原因。这属于心理活动归因。另外，如果将行为作为结果，寻找行为产生的内、外原因，就属于行为活动归因。例中各方都在这样做归因。总之，归因的一项重要的作用就在于指导行为。从某种角度上看，从归因得到的结论如果被证实，那么它可能作为信念支配以后的行动。

　　实际上，我们总在持续不断地尝试，企图说明和理解我们的种种经验。奥尔波特把这种追索事情根蒂、使事物具有意义的欲望叫作"对可理解性的偏好"。"这种对可理解性的偏好绝不限于宗教人生观。它渗入各种类型的思想过程之中。"① 日常生活中，我们常常将成功与否归因于努力、运气或是命数。这类归因无疑是日常信念的来源。宗教的见证也属于归因，它能帮助人们理解某种宗教体验。1979 年度美国小姐切尔·浦瑞韦特曾经说到，她 11 年以前出了一次车祸，左腿被压坏。

----

① 玛丽·乔·梅多，理查德·德·卡霍. 宗教心理学——个人生活中的宗教［M］. 陈麟书，等译，成都：四川人民出版社 1990：295.

医生告诉她再也不能行走了。她 7 岁的时候，参加了一个宗教奋兴大会，她潜心祈祷后，看见自己的左腿"片刻之间"恢复到正常……她还说那次辉煌的胜利简直是个奇迹。凭着这种见证，宗教信仰者因此可以把事情说成是"上帝的意志"，或者把非常的事变说成是"奇迹"。通过把事情看作是上帝安排的，他们就能够寻求到生活意义的线索。

人一旦形成了一种归因，就容易找到起肯定作用的证据。在童年期，人为了理解自己、理解他人、理解生命就养成了一种"指导性的想象"。这种指导性的想象一旦形成就很不容易改变，因为人们往往只看到起肯定作用的迹象而忽视那些不起肯定作用的迹象。这种指导性的想象是由在童年期所形成的归因原则所组成，而这种归因实际上就是罗基奇系统中的原初信念。

当某种事情有可能出现多种解释时，人们便选择与他们的指导性想象相一致的那一种解释。比如，曾经有人报告，一个唱了两年宗教赞美诗的年轻女子得了一种严重的气喘病。她继续吟唱下去，并幸运地在曼哈顿地区找到一个诊所，在那里她的气喘病得到治愈。她欣喜若狂，把她的好运归因于不停的唱诗。其他各式各样的皈依、圣经的故事以及其他的宗教现象都可以用归因理论来说明。用"超自然的归因"达至信仰，这在宗教实践中是十分常见的。

归因的方法并不能保证我们的处境与我们所持信念的始终和谐。一旦我们的处境与我们的信念发生矛盾，内在的不安或失调便产生了。这被称作认识失调。有关认识失调的讨论，有助于解释在信念受到威胁时所发生的情况。吸烟有害于健康，有害于环境，还容易引起各种意想不到的麻烦和损失，但吸烟也很有快感，吸烟成瘾的人如果既不愿戒烟又想要避免那种令人不悦的内心失调，就必须对吸烟危害健康之类的警告予以藐视，置之不理。当一个人的经验不再支持原来的态度时，也会发生失调。认识失调令人极不愉快，人们总是极力去减轻这种不快。对付失调的心理防护机制一方面是"酸葡萄"反应——就是说你并不真的想得到那已被证明难以得到的东西；另一方面是"甜柠檬"反应——使自己确信真的喜欢那些并不希望发生的事情。

我们的那些极重要的信念，遇到了危机会怎么样？放弃信念？这是可能的。但只要维护信念的努力还有余地，只要这些信念并非山穷水尽，我们仍会坚持。假设一个人全心全意地相信某件事，假设他又进一步对这信念做出献身……假设他为这信念做出了不可逆转的行动。最后，假设他又得到毫不含糊的和不可否认的证明：那信念是错误的！那么会发生什么情况呢？这个人完全可能会不仅不动摇，而且还比以往更加坚信这信念的真实性。他甚至会表现出一种新的热忱，甚至要去改变别人的观点，并把他们争取过去。

信念对持有者如此重要，为信念而献身所付出的代价如此之大，以至于对信念的不予肯定会产生十分痛苦的内心失调。首先，抛弃信念也许会减轻失调，但是当一个人在他的行为保证上已经付出高昂的代价后，那么任何与其信念苟且一致的权宜之计都会令他感到可取。其次，还可以通过对现实的完全拒斥来维护信念并以此减轻信念与现实的冲突，但是，这样他就不得不痛苦地与现实脱节。巴特森·让在一个教会团体中的学生公开宣布他们是基督神性的相信者。然后，他让这些学生们面对这样一个无可逃避的事实，即耶稣的复活是人们杜撰的，并且教会的领袖们已经放弃了他们的信念。一些学生藐视这种不予肯定的证据。那些相信证据的人，则加强了他们对于基督神性的信念。这个倾向还被别处的一位妇女表达出来，她说，"当我对这些宗教信念的把握最小之时，我比其他任何时候都更坚决地起而捍卫自己的信念"。

信念使我们倾向于寻求与之一致的根据，拒斥与之矛盾的事实。信念也引导我们倾向于发现有利的例证，忽视不利的迹象。

综上所述，在日常生活和宗教实践中，学习、遵从、自居、归因以及认识失调的相互作用产生并保持信念。正如詹姆士所说，一个希望相信但又觉得有困难的人，能做出很多事情以使信念产生和得到维持。为了相信，我们只需头脑冷静地行动起来，就好像这些尚有疑问的事情千真万确一样，并且继续行动，就像它的确可靠。如果这样，信念就必然与我们的生活如此紧密地联系在一起，以至于变成了实实在在的东西。学习为信念提供了内容。归因一旦开始，就因为人们选择了适合于所选择的信念系统的解释而变得更加容易起来。由不予肯定的迹象所引起的冲突将会导致信念的加强，以保护在信念中已做出的"投入"。科学信念不同于日常生活的信念那样松散和凌乱并且过于容易变化，也不像宗教的信念那么不容改变。关于科学信念在第八章第二节中将详细讨论。

第二节　信念的要素

考虑一个这样的信念，比如，我相信"今天下午要下雨"，也可以表述为：我的信念是"今天下午要下雨。"看看这样一个信念中有哪些要素。

第一，"相信"后面的是一个句子（这在英语中就是一个从句。）。这一信念是一个对事物有所断定的命题。它是有真假的。换言之，信念的内容是表象的（即"believing that"）而不是技能的（不存在"believing how"）。

第二，设想有某人告诉我"今天下午要下雨"，我必须明白他说的是什么。我理解这个句子中的每一个词的含义以及句中的语法，整句话的意思我都明了，甚至可以想象"今天下午下雨"的具体情形。不像是一个埃及人告诉我与此同样的意思时那样，我不懂他说的是什么，对他心中要表达的了无所知。用休谟的概念来说，"信念"就是要能够就所说"形成观念"。

第三，对于"今天下午要下雨"这句话，即使明白它是什么意思，我也并不是非相信不可。如果我向来对天气并不在意，眼下又没有任何事与天气好坏有牵连，在听说"今天下午要下雨"的同时，也听人说过"今天下午不会有雨"，加之对于天气我没有任何独立判断的经验，我对"今天下午要下雨"将不置可否，既不加相信，也不加怀疑。如果我下午正巧要出门，天气预报没明确说有雨，而我对气象有些经验，看看天上没有"勾勾云"，想想房门一点也不涩，很好开关，又记得烟囱在冒直烟，一切症候都不像是要下雨的样子。对于"今天下午要下雨"我将会产生怀疑。"今天下午真的有雨？"这是一种否定的倾向，但因为仍拿不定主意，还不确定。如果天气预报说"今天下午武汉市有大到暴雨"，当时天边上已有乌云，我所知道的迹象也支持将要下雨的预报，对于"今天下午要下雨"，我就会持坚定的肯定态度，而且毫不怀疑。这里我们看到，信念的这一要素就是对于所信的确定的肯定态度。

第四，我相信"今天下午要下雨"，这一陈述所表达的内容将成为我行动的指导原则。首先，我会针对该陈述采取积极的措施应付我当时的事务。比如，我会把晾在外面的衣服收进来；告诉出门的朋友要带伞；把上图书馆借书推迟到明天（或者到天晴的时候）……其次，我不会按与陈述相反的判断做相反的尝试，比如，约朋友今天下午出门野餐；把衣柜中的棉被、冬衣都晒到外面去……

如果这里考虑的不是"我的"信念，是老王相信"今天下午要下雨"，涉及老王本人的情况也基本与上述分析一样。但涉及他人对老王的信念的判断，情况就有所不同。因为，我们了解自己的信念是直接的，而他人的信念我们不能同样直接地了解。当然，最好的情况是跟老王谈谈，问他是否相信"今天下午要下雨"，如果他据实相告，我们当然可以了解他是否相信。但无论如何，从确定性的角度说，关于他人信念的判断与关于自己信念的了解是不对称的。自己的信念可以直接知道，而无须借助观察自己的行动；他人的信念可以通过他的行动（包括行事方式、言谈举止、个人的特殊做事风格等）、他的事迹（做过的事、发表过的言谈、文章、著述、说过的话等）以及他人从不同角度对他的评价，甚至我们对他的"感觉""直觉"及从他那里看到的"征兆"等来加以发现。只要足以让我们确信他确乎相信某事，所有根据都是可能的。

综上所述，一个信念，它表述为一个有真假的命题，持有者能够对它形成观念，抱以确定的肯定态度，并且以它为行动的指导原则。

第三节　信念的强度

一个信念，到底有多强？能够为之投下多高的赌注（如康德所建议）？置信度，在这里是对相信程度的量化。

一、"相信"的逻辑

在现代，对"相信"进行系统的逻辑研究大体上是按两个方向进行的。

其一，作为认识论逻辑的一个分支的"相信"逻辑，是研究涉及众多的形如"X 相信 P"之类判断的特殊推理规则的。以下是"相信"逻辑的四条公理：

$(P_1)[B(X,P) \wedge B(X,P \rightarrow Q)] \rightarrow B(X,Q)$

$(P_2)[B(X,-P) \rightarrow -B(X,P)$

$(P_2a)B(X, \wedge Q) \rightarrow B(X,P)$

$(P_2b)B(X,P \wedge Q) \rightarrow B(X,Q)$ 34

其中，(P_1) 读作，从"X 相信 P"而且"X 相信 P 蕴涵 Q"，可以得到，"X 相信 Q"。(P_2) 读作，从"X 相信非 P"可以得出"并非 X 相信 P"，诸如此类，这里经典逻辑的等值代换规则在"相信"逻辑中已经失效，有了一系列的新规则。

其二，现代归纳逻辑研究中，主观贝耶斯主义对个人就命题的相信程度，做了系统的量化分析。尽管对逻辑问题做专门的研究超出了本书的范围，然而"置信度"（degree of credence）问题与我们讨论的相信和信念关系甚密，因此，在本节有必要把归纳概率逻辑的相关方面做个概略的说明。

二、主观贝耶斯主义

概率的主观贝耶斯主义（即私人主义）解释，就是把概率解释为私人的合理置信度，即理性的个人对一个事件或一个命题的相信程度。主观贝耶斯主义者认为，尽管相信与信念是一种私人的内省感觉，但他们采用行为主义观点，认为内省感觉可以通过实际行为表现出来。因此，它有一定的可操作性、可测量性，可以客观化。

现代归纳概率逻辑另有两大派别：逻辑主义和客观主义。其中，客观主义把概率解释为重复事件的极限频率（例如，在每1000次抛投硬币的实际试验中，大约有500次下面朝上，于是确定概率为1/2）；逻辑主义则把概率解释为命题中前件与后件的部分蕴涵关系（例如，硬币一共只有均匀的两面，所以正面朝上的可能性在逻辑上就是1/2）。唯有主观贝耶斯主义对相信、信念等问题的关注最为直接。

三、置信度——公平赌商

贝耶斯主义的决策论认为，理性的个人选择行动方案的基本原则就是期望效用的极大化，而一个行动的期望效用实际上就这样一个统计平均值，它等于各个可能后果的概率与其相应效用值的乘积的统计总和。值得注意的是，按照主观贝耶斯主义的解释，这里的一个行动的各个可能后果的概率就是理性的个人对各个世界状态的置信度。这个总的期望值当然越大越好。主观贝耶斯主义者在赌博决策中发现了一个从实验上测定合理置信度的简单可行的心理模型〔由伯特兰·阿瑟·威廉·罗素（Bertrand Arthur William Russell，1872—1970）的学生拉姆赛（F·P·Ramsey）在 1926 年发现]。

假定有 X 和 Y 两人就抛投一枚硬币打赌。条件是：

若正面朝上，则 X 从 Y 那里赢得 300 元；

若反面朝上，则 X 输给 Y200 元。

这里 X 的出资额占总金额的 2/5，这个比值就称作赌商。

理性的个人在打赌时要做出合理决策，只有按他的信念认为没有出现不利的赌商时，他才会同意打赌。打赌本身就可以看作一种心理实验，打赌时的合理选择恰恰反映一个人的信念（置信度）。因此，可以把 X 不加拒绝的赌商的最大值（上限）看作有利与不利的中间转折点，也就是"公平的赌商"。超过这一赌注，X 就吃亏了，他将不会选择。所以，主观贝叶斯主义把"公平赌商"与置信度等同起来。概括地说，理性的人对命题的置信度恰好等于他所愿意接受的最大赌商。上例中采用金额作为衡量，只是一个近似的说法。

更严格地说，价值的尺度不应是货币，而应是主观价值（综合的效用）。萨维奇（L. J. Savage）① 解决了这一问题，根据个人偏好即优先顺序规则可以相对地确定概率和主观效用。

四、合理的置信度

主观贝叶斯主义的一个核心观点是，合理置信度具有因人而异的相对性，并且即使对于同一个人也有可变性。因为人的所信和信念是随着认识程度和所掌握的知识状态而改变的。例如，打扑克时洗牌人不小心亮出顶上一张牌。其中一个看到这张牌是红的，另一人什么也没有看

---

① 1954 年，萨维奇（L. J. Savage）由直觉的偏好关系推导出概率测度，从而得到一个由效用和主观概率来线性规范人们行为选择的主观期望效用理论，即萨维奇定理。萨维奇认为，该理论是用来规范人们行为的，理性人的行为选择应该和它保持一致性。

到。若要这两人猜一下这张牌是红桃的概率，则前者会说1/2，后者会说1/4。应当说，这两人相对于各自的现有证据来说，都没错。

主观贝耶斯主义对"什么样的置信度是合理的"所给的限制条件，比客观主义或逻辑主义宽松得多。唯一的限制只是要求每一个有合理信念的人不能自相矛盾。即作为合理信念测度的主观概率，它在有合理信念的人那里是要求"一贯性"的，也必定是遵守传统的概率演算公理的，反之亦然。

这条定理在现代归纳逻辑教科书中，被称为"荷兰赌定理"，它是由拉姆赛（1926）与德·菲内蒂（de Finetti，1937）独立地证明的。标准的说法是，一个理性的人要想在一组赌博中避免必输的局面，当且仅当，他的置信度即公平赌商必须满足概率演算公理。必输的赌博在习惯上称为荷兰赌（Dutch Book）。

主观贝耶斯主义在哲学上给人带来的疑问是，张三、李四、王五每个人的所信和信念各不相同，"公说公有理，婆说婆有理"，怎样能都是合理的呢？回答这一问题的是"意见收敛定理"。这是德·菲内蒂在《预见：它的逻辑规律和主观根源》（1937）中所证明的一条重要定理。其大意是：不同的人们关于重复独立试验过程的特征概率的意见，随着试验过程长度的增大将逐渐趋于一致（德·菲内蒂后来用"可交换过程"一语代替"重复独立试验过程"，使得主观贝耶斯主义的观点在逻辑上表述得更彻底和完美）。

在我看来，主观贝耶斯主义并不是通常意义的哲学上的主观主义。实际上，它只是比较强调理想化的个人在信念形成过程中的心理成分或认识成分，而这种成分不是纯主观的。准确地说，是主观对客观的认识。人们关于重复独立试验的特征概率的意见终究要转化为关于各个假设概率的意见，而这种意见也不是一成不变的，而是要根据新的信息来不断调整与纠正的。贝耶斯定理正好提供了所需的计算方法，借助于新信息、新证据，它可以从假设的验前概率计算，过渡到验后概率。在信息交流的较长过程中，不同个体之间出现了主体间性，意见、所信、信念有可能产生逐步趋同效应。

本章小结

在认识活动中，信念的确立有多种途径，皮尔士提出四种方法。其中，固执方法就是性格倔强的人固执己见地坚持已有信念的方法；权威方法则是以权威的影响力强化并固持信念的方法；先验方法又称作理性方法，被称作笛卡尔主义的方法，它主张从纯理性的观念出发，基于推理来持有和扩展信念；科学方法则不同于前述三种方法，因为它们导致的信念不是由事实本身决定，是由生命短暂的个人或集体偏见决定的。科学信念作为稳定的信念，来自外部实在、外部的持久性、那些我们的主观思维影响不了的东西。

一个信念，它表述为一个有真假的命题，持有者能够对它形成观念，抱以确定的肯定态度，并且以它为行动的指导原则。在置信度的测量方面，主观贝耶斯主义认为：理性的人对于命题的置信度恰好等于他所愿意接受的最大赌商。

第三章

信念的转换

受到质疑的信念将向新的根据、寻求新根据的尝试敞开并接受检验。新的根据可以支持该信念，受到质疑的信念则因此重新被相信。如果新的根据反驳了该信念，那它就将被拒斥。受到新的根据支持的新信念因此取代被新的事实拒斥的旧信念。信念的转换是整体式的还是渐变性的？本章将探讨这一问题。

第一节　信念受到挑战

当与信念冲突的反常发生时，有时候重新审视反常有可能让"反常"重新解释为"正常"，如果对"反常的"重新解释无法消除反常，这种反常就对信念形成了挑战。受到挑战的信念，如果能够将反常转变为正常，信念将再次被确立；如果反常无法转变为正常，信念将因无法经受质疑而被放弃。

科学史上，光的波动学说是由意大利的格拉马蒂首先提出来的，而荷兰物理学家惠更斯是波动说的集大成者。对于主张光的本质是波的这一派研究者而言，光的直进以及找不到传播媒质对于光的"波动性"信念构成挑战。提出波动说，是因为光确实具有波动特性，也有光同时发生反射和折射、迭加，相遇数束光不相干等实验结果的成功解释对波动说提供有力支持。但是，在解释光的直进上遇到的困难却是对当时的波动派构成一个巨大的反常。

表3－1　微粒说与波动说对比表

	牛顿的微粒说	惠更斯的波动说
基本观点	认为光是一群弹性小球的微粒，光是沿直线传播的粒子流	认为是光是某种振动以波的形式向外传播
实验基础	光的直线传播、光的反射现象	光的干涉和衍射现象
成功解释	光的直进现象、反射现象、光的色散现象	光同时发生反射和折射、迭加，几束光相遇互不相干等现象
困难问题	无法解释两种介质界面同时发生的反射和折射现象；光的迭加	难以解释光的直进，找不到传播媒质

人们对光的本性的认识史：

微粒说（牛顿）──→波动说（惠更斯）──→电磁说（麦克斯韦）──→光子说（爱因斯坦）──→波粒二象性（公认）

牛顿时代光的微粒说占据主导地位，既因为波动说遭遇难于消化的反常，也因为赞成微粒说的牛顿在科学界享有无与伦比的崇高地位。微粒说与波动说的争论并没有就此结束，遭遇反常因而在科学界影响力大为削弱的波动说并没有完全退出历史舞台。

第二节　信念的再确立

某信念根据理由受到质疑甚至拒斥，这也意味着当新的科学事实出现时，有理由重新确立该信念。现代某些科学信念的核心部分溯源于早期的某个科学信念。当时不同学派对于自然现象的解释不同，在不同科学信念的长期竞争过程中，其中某个别的信念占据上风，而所述信念则受到质疑并归于沉寂，甚至被遗忘。但是，随着相关领域探究的深入，新的科学事实出现了。这些新的事实对曾经遭到质疑甚至被拒斥的信念起到强力的支撑作用，因而该信念获得再次确立。

1815—1816 年，英国医学博士普劳特匿名发表了两篇文章。当时他相信"所有原子量均为氢原子量的整数倍"并在文中表达了这一观点。照他当时的说法，氮 = 4 个氢、碳 = 12 个氢、氧 = 16 个氢……普劳特的同时代人认为，这只是他个人的大胆狂想，没有人接受他的这一信念。还有些人很快就指出了和他的这一信念明显矛盾的两个事实。一是氯和镉的原子量被发现分别是 35.457 和 112.41，它们正好是两个整数之间大约一半的数值。二是对于原子量接近为整数的元素，如果认为原子是由氢原子集会而成的话，它们原子量的数值也总是比预期的要小些。氢的原子量等于 1.0080，如此则氮的原子量就应当等于 4 × 1.0080 = 4.0320，而它实际上却是 4.003，即少了 0.8%。类似地，12 个氢原子集合在一起应当重 12 × 1.0080 = 12.096。而化学上估计碳的原子量只有 12.010。基于这些"明显的"反常，普劳特的这一信念在当时几乎是毫无异议地被拒斥了。直到 1907 年，汤姆逊在他对"极隧射线"的研究中，发现在荧光屏上观察到的是两条甚至多条抛物线——表明存在着质量不同的原子。对于氯，得到了一条质量为 34.98 的氯原子抛物线，还有另一条质量为 36.98 的氯原子抛物线，两个数字都很接近为整数。后来有了"同位素"概念，在门捷列夫周期表中把同一种元素原子量不同的原子置入同一位置。再往后，人们发现这两种原子量不同的氯原子的相对比例分别是 75.4% 和 24.6%。如此一来，氯原子的平均原子量为 34.98 × 0.754 + 36.98 × 0.246 = 35.457，与按普劳特当年的估计计算的氯原子量正好一致。进一步的研究表明，普劳特当年的信念对其他化学元素也同样是正确的。由于取得了大量经验证据的支持，普劳特的信念终于获得了再次确立。

在光的微粒说和波动说的例子里，我们也能看到先前的信念被部分地再确立的例证。

牛顿提出的光的微粒说，认为光是由发光体发出的弹性微粒所组成的，并按照力学定律以一定速度在真空中或介质内高速飞行的微粒流。这个学说解释了光的直线传播、反射和折射等现象，但不能解释干涉、衍射等现象。1687年，荷兰物理学家惠更斯提出了光的波动说，认为"光"和"声"相类似，是一种类似弹性机械的纵波，光的传播是一种弹性介质"以太脉动"所引起的。这个学说能解释一般的反射、折射和双折射现象，也能说明两束光在空间相遇时彼此互不相干的光束的独立现象。19世纪初，英国的托马斯·扬做了双缝干涉实验，提出光的波长、频率等概念，确立了光的干涉原理。法国的奥古斯丁·菲涅耳等研究了偏振光干涉现象，认定光波是横波。而微粒说对上述现象无法解释。1850年，法国傅科证明了光在水中传播的速度比在空气中要慢，而微粒说认为光在密媒介质中的速度要更快。这些"反常"的实验结果让很多人抛弃了微粒说，接受了波动说。直到光电效应等实验显示波动说恰恰无法解释，它又给予微粒说新的经验证据支持。微粒说就在光的"量子说"中得到了再次确立。在一定意义上也可以说，在"波粒二象性"中，分别相信光是波和光是微粒的波动说和微粒说都部分地被再次确立。

第三节　信念的转换

新信念取代旧信念有不同的模式。根据领域的不同，信念的复杂程度不同，转换呈现不同的特点。

一、格式塔式的转换——不可通约性问题

在有些领域中，由一种信念转换到另一种信念跨度很大。两种不同的基本信念决定了在各自选定的域的范围、方法、评价标准、理论目标等诸方面均不相同的体系，以至于这两种体系之间难于在一种公共的尺度上对话。这就是库恩所描述的一种信念转换模式。

贯穿在库恩"范式"概念中的基本要素，从某种意义上讲，是共同体的信念。信念之间的关系恰恰表现为范式间的关系。

库恩的科学发展图景就是范式形成和不断转换的过程。而从众说纷纭、莫衷一是的前科学中产生出一个为大家共同接受的范式就是范式（或科学共同体）形成的过程。范式的形成使得科学成为常规科学。在常规科学的范式以内接受范式的指导，提高科学知识的精确性和可靠性、进一步证实范式、搜集和扩展新事实的过程，是在"解决疑难"即进行"简单设问"以求解答的方式下进行的。这与前科学时期普遍流行的"批评议论"不同，"解决疑难"是在范式指导下进行的，而"批评议论"则或者是范式尚未形成（前科学时期），或者旧范式正在崩溃、新范式尚未确立（科学革命）之时的特点。在"批评议论"中，不同信念的持有者各自都对他人的信念提出"疑问"，但谁也没有被说服。依库恩的观点，"常规科学是一般地积累的过程，一个科学共同体被接受的信念由之而得到具体化、阐明和扩充"①。

库恩认为，常规科学表现出根据逻辑标准可以确定的明显进步，因为，在常规科学中，范式中的信念是为整个共同体所接受的，评价标准当然也就得到范式内部的认可。而**科学革命中理论的选择则缺乏可以依据的进步标准**。这样，库恩就把在范式之中的常规科学描述为进步的，

---

① Ｉ·拉卡托斯、马斯格雷夫. 批评与知识的增长［Ｍ］. 周寄中，译. 北京：华夏出版社，1987：250.

而科学革命时期由于没有超范式的"元标准"，就只能依成功的范式的标准判断其（自身）为进步的。

随着研究的深入，科学家在常规科学中的解决疑难的活动会遇到一些既有范式无法解决的异例。当异例顽固地不顺从范式所容许的一切解释，并且越来越多时，这些异例就变成了**反常**。反常使得范式的权威性受到怀疑，常规科学的规范逐渐丧失它的控制力，科学陷入**危机**。科学危机的突出特点就是，范式既有的基本信念受到明显有力的怀疑。由此，一部分科学家开始提出新的理论，试图确立避免反常的**新信念**。当越来越多的人开始做这种努力时，批评的议论便又普遍流行。在原有范式之下进行的解决疑难的活动暂告结束。当**新的范式**在科学家群体中重新确立以取代**旧的范式**时，这种被库恩称作**科学革命**的质变便告完成。**新的常规科学**阶段开始，在**新的范式**之下，科学家们又开始了解决新的疑难的工作。因此，科学发展的图景在库恩看来便是这样的：

科 学 史： 前科学　　　　　　常规科学→科学革命→新的常规科学→……
范式转换：（范式前）（范式形成）（范式）（范式转换）（新范式）
信念转换：［观念形成］［信念形成］［信念系统］［信念受到怀疑］［新信念确立］

在这一图景中，常规科学是在范式指导下解决疑难的相对稳定的时期。而在范式形成和转换过程中，则并无为大家普遍接受的范式，尚未形成具有共同信念的科学共同体，批评的议论和众说纷纭是这一时期的特点。库恩不仅把常规科学（或一个理论结构内部）解决疑难、设问求解的活动作为成熟科学的特征，而且还把它作为将科学与非科学区别开来的标准。这与波普的可证伪性或可检验性标准不同。虽然占星术（类似于艺术）和原始科学也是可检验的，但却不是以解决疑难为内容的。

由于库恩主张范式的转换是新的信念对旧的遇到无法消化的反常的信念的取代，而这种转换是格式塔式的整体转换。尤其，科学家的世界正是由范式所约定的世界（而非客观的外在世界），其内容是由科学家们的共同信念所约定的，故而"范式改变了，科学家们所约定的世界也跟着变了"①。于是，新、旧范式之间是"不可通约的"。不可通约问题的根本就在于库恩将不同的信念看作是彼此隔绝的，而且信念的转换又都是整体进行的，所以失去了连续性。

库恩的发展观不同于波普的是，库恩不认为经验可以证伪范式（或理论）。当经验的反常出现（即使大量出现）时，范式（或理论）并不被证伪；只有当新范式（或理论）出现时，旧范式（或理论）才遭证伪。故而，**是范式证伪范式而非经验证伪范式**。实际上，这里谈的"证伪"与波普原本的"证伪"已经小有出入。为经验证伪的理论部分地在范式以内仍然可以被连续地继承。因而不会有不可通约的问题。但在范式证伪范式的情况下，被证伪的同时就意味着被抛弃，而且是"格式"塔式地被抛弃。所以才有库恩式的"不可通约性"。

既然范式不可通约，在科学革命中，科学家如何在不同范式间做出选择呢？库恩认为，在范式之争中，确实不存在决定选择的逻辑规则，但并非没有影响选择的**价值标准**。比如：简单性、有效性、精确性、广泛性、一贯性等。除此之外，科学家所持的世界观和方法论、科学家的个性品质、当时的政治、经济等社会因素等都可以对范式选择产生作用。从信念的角度看，这些尽管不在库恩的范式之内，但却很合适地在我们所说的"基本信念"范围以内。凭借这种超出范式的、更基本的信念，恰恰"通约"是可能的。所以，"不可通约"只能是对基本信念造成尖锐对立，基于基本信念的诸多理论因素和方法、标准差异较大，一时难于直接对话。换言之，"不可通约"是相对的，是有条件的。就光学史的例子来说，当年微粒说与波动说可以说是"不可通约"，因为两种学说的基本信念完全不同。如果某个持波动说的物理学家由于牛顿

---

① T·S·库恩. 科学革命的结构［M］. 金吾伦，胡新和，译. 上海：上海科技出版社，1980：111.

的一系列实验和对他的威望的信服放弃波动说，转而加入微粒说的范式，对于他来说，这种转换确乎"格式塔"式的。但实际的科学史实却是，到了量子论时代，由于以量子论为基本信念的基本粒子物理揭示了一切微观粒子的"波粒二象性"，微粒说和波动说这两种"不可通约的"学说，很好地在"波粒二象性"这一新的范式下得到了"通约"。

二、渐变式的转换——理论还原问题

信念的另一类转换是在前后跨度不大或维持连续性的情况下进行的转换。这一类转换前后的信念在当时的新范式下就可以达成前后一致或大体一致。所以，以后起的信念为基点建立的学说，可以将建立于先前信念基础上的理论很好地还原。以下以生物学为例看看还原问题。

（一）作为特殊范式的生物学

还原生物学的努力从"将生物学还原为'物理—化学'"开始，经耗散结构论直到新近的超循环论。还原的工作所一贯体现的恰恰是，在多大程度上能够将生物学中的一些基本信念统一到新的范式下，就在多大程度上有可能还原生物学。

无论生物学还是它的分支学科都有自己的基本信念，有各自划分清楚的特别领域，所以，毫无疑问它是一门独特的学科。

生物学有特别的"域"，即其学科领域涉及了自然科学知识中最广泛的范围。它不仅涉及适用于非生命的物质过程和解释原则，还涉及仅适用于生命的物质过程和解释原则。生物的物理化学过程具有仅属于生命的独特性；生物都有遗传程序，都经自然选择，这不仅使得自进化历程、支配生命过程的信息成为生物学的内容，还使生物学在研究中不仅仅只凭现存的特征对其门类进行区分，还要依据这种得自历史的特征来做这种区分；生物学有特别的研究方法：第一，对活体的特有过程的整体研究不同于个别研究或非生命体的研究；第二，由于生物是高度复杂、由相互适应的部分有机地组织成的整体，由于突现的存在，生物学的研究具有明显的层次性。它不能简单地由低层次的规律直接予以解释；第三，由于生物种群是由独特且可变易的个体组成的，对种群的研究就有别于物理、化学中的"本质"研究。换言之，生物学的对象常是异质性的和可变化的，即使它像物理、化学和其他学科一样划分出一定的实体；第四，生命现象的多样性和复杂性、层次性使得生物学更注重"关系"和"性质"，而不是以"定量"为主要特点。在生物学中，定则更多于定律。生物学中的定则和预测都是概然性的；生物学本身就是一个特别的范式：生物学比其他自然学科更接近于人类学研究和社会、伦理、政治意识研究，更能为这些研究提供方法论和概念。由此可见，生物学以生命现象为对象使得它在方法、概念框架、理论结构上具有特别不同的地方。这也恰恰构成了生物学作为完全独立的学科的基础。

（二）关于"还原"

若是涉及科学理论与认识对象间关系的还原称作**认识论还原**。它要解决的主要是理论名词的意义问题，其重要目标之一，是要消除科学理论中对任何实体的指涉，而使其在仅仅对知识对象的指涉中得以重新表述。对科学陈述的改述或用描述客观可见的物理对象的术语（物理主义），或用直接"所予"的感觉材料（现象主义）。来源于经验的认识应该能还原成感觉经验。涉及各种科学理论所设定的基本实体之间关系的还原称作**物理学还原**。高层次系统（或实体）可以还原到低层次系统。由初级层次的性质、行为及组织的术语可以说明次级层次的行为和性质。涉及科学理论之间关系的还原称作**理论还原**。我们这里主要关注的正是这种认为一些科学理论可以向另一些科学理论还原的还原论。

如果能找到一个内涵更大的理论，从中逻辑推演出另一理论，则后者被"还原"为前者。热力学向统计力学的还原、开普勒行星运动定律向牛顿力学的还原、牛顿力学向相对论力学的还原等，都支持这种还原论。在"同质"还原中，次级科学定律的描述术语也以近似相同的意义存在于初级科学中。而在"异质"还原中，则需要引入足以联系初级科学和次级科学中（后者有而前者没有的）术语的假设。借助附加假设，次级科学的全部定律必须由初级科学合逻辑地推导出来。

（三）科学中的理论还原

按逻辑经验主义的意见，科学进步大部分照这样发展：或者一个理论在原有范围内继续享有较高的确证度并继续寻求扩展，以包容各种更大的系统或现象范围；或者相互分离的理论各自享有较高确证度，被包容或还原到某一个内涵更大的理论中。大致说来，科学这样向前发展总会导致更新的范式和内涵更丰富的理论。科学也将统一在各学科领域不断扩展、相互趋同的未来。

1. 经典遗传学的还原

以下尝试根据逻辑经验主义对经典遗传学向分子遗传学进行还原（这里不讨论详细的生化机制）。

孟德尔遗传学的显隐性关系、分离规律、自由组合规律以及基因概念和摩尔根的"连锁—互换"规律，都可以按分子遗传学机制很好地加以说明。换言之，经典遗传学可以很好地为分子遗传学所还原。

基因是 DNA 分子的片段，DNA 分子与蛋白质结合成染色体。姊妹染色体是在细胞分裂间期由单个染色体复制产生的两个相同染色体（又叫染色单体），由着丝点连接；同源染色体是合子（以及正常体细胞）中分别得自父方和母方的一一对应的（两套）染色体。同源染色体的对应位置上的 DNA 片段具有同类的性状决定功能。DNA 的信息储存与表达（即性状的决定机制）遵循中心法则。显隐性关系可以解释成一个基因的存在对另一个基因表达的阻抑；分离规律是由于同源染色体在形成配子时分离，共存于杂合体中的等位基因（根本没有相互沾染，而是）相互分开，进入不同配子。子一代杂合体含显性或隐性基因的两种配子融合则随机地产生三种基因型比率为 1：2：1；两种表现型（显性或隐性）的比率则为 3：1，即分离规律揭示了等位基因在遗传中的分离行为。自由组合规律则是由于配子形成时，子一代杂合体中两对杂合等位基因分别分离开以后，非等位基因随机地经减数分裂进入同一配子。结果形成四种不同的配子，它们随机地在受精过程中融合成九种不同的合子。

以上分离规律适用于每对相对性状的遗传行为，自由组合规律则适合于位于不同对的同源染色体上的非等位基因决定的多对相对性状的遗传。倘若选定的多对相对性状的对应基因对位于同一对同源染色体上，此时的遗传将符合摩尔根的"连锁—互换"规律。

在这里，经典遗传学的基本概念和规律可以很好地还原为分子遗传学。但至此就认为还原论的理想可以轻易实现却为时尚早。照逻辑经验主义的见解，还原一个理论就是由初生理论加上连通性的附加假设，在初始条件下推导出次生理论。这里就产生了一些问题。

经典遗传学（尤其是孟德尔遗传学）的研究方法可以算是黑箱方法，它并不知道遗传物质的运作，只能依靠表型上的"不混杂"和"独立分配"假设内在机制。这种方法在从系统的输出行为推出其功能和机制方面是成功的，尤其当它选择的"性状"是完全任意的、人为划定的，而恰恰碰巧的是：豌豆的那几个被选定的相对性状恰恰是由非等位基因决定的。而分子生物学的研究则是从分子机制自身直接入手的。要想由后者推演出前者的结论存在这样的困难：分子水平的基因研究是基于化学过程（中心法则）追索 DNA 片断对表型的影响。这些片段有的一个决定几个外显的性状，有的多个决定一个性状，有的并不决定任何外显性状（如片段 A－T－T、A－T－C、A－C－T 转录成 mRNA 的 UAA、UAG、UGA 三个无义密码），有的基因对（别的）等位基因不是简单显性（有不完全显性、镶嵌显性、并显性等）。这样一来，孟德尔方法选定的一个直观上十分显然、简单的性状要通过其结构、功能机制、分子合成过程……非常繁复地追索到也许多得难以尽述或者难于定位的 DNA 片段上，这几乎是难以完成的复杂工作。当然，如果坚持要这样去努力，凭着足够的连通性假设或者按逻辑经验主义者的说法，对经典遗传学进行适当"修正"而后加以"还原"，就算多一点困难，从理论上讲，这种还原也还是可行的。

在对经典遗传学的还原中，之所以理论上完全还原是可能的，一个至关重要的因素就是：经典遗传学和分子遗传学所持有的基本信念的一致。作为基本的遗传单位，在孟德尔那里是"遗传因子"，在分子遗传学中是作为 DNA 片段的遗传基因。后者完全包含了前者，而且在几乎所有方面都不与前者冲突。这种还原可想而知，理论上应该是没有问题的。

2. 自组织理论所做的还原尝试

前面所谈的生物学向"物理—化学"还原还未涉及"物理—化学"所面临的巨大障碍：生命现象的分子解释。如果"物理—化学"的研究不从无机水平跨进生命特有现象与规律特征的层次，则其所能谈论只是前生命或非生命，甚至有时是过分简化的"机械"过程。这样，后期理论（用于还原生物学的物理化学）实际上与先前理论（即生物学）在学科的基本信念上已经出现分歧，这样一来，还原实际上就不可能实现。

可以解释生命的"物理—化学"理论只能是基于对生命现象研究获得的跨层次的全新理论。

自从普利高津的耗散结构论问世以来，远离平衡态热力学的自组织理论通过对不可逆时间箭头、有序结构的形成与进化的研究，逐渐使得"物理—化学"有了新的探索取向。新的研究成果使生物特有的机制得到"物理—化学"解释的设想从理论和实践上变得自然而然、合乎现实。有序结构的产生和进化是沟通化学、物理学与生物学的关键问题。这有点像细胞学说打破植物学与动物学之间的悬隔一样。

普利高津的研究表明，当系统由孤立到封闭直到开放（即系统的热力学特点由孤立平衡到近平衡、直到远离平衡状态）时，热力学第二定律就逐渐不能做出解释了。远离平衡的开放系统，在一定条件下，由于系统内部非线性的相互作用通过涨落可以自发地形成稳定的有序结构。这种过程就是自组织，其形成的有序结构更有利于系统耗散能量，故而称作耗散结构。

自组织现象可以见诸化学振荡、激光现象、远离平衡的流体系统之中，亦广泛地存在于生命系统、社会系统。它完全可能成为自然科学家和社会科学家共同研究的重大课题。

耗散结构理论使得生命系统（以及社会系统）与非生命（尤其是无序）系统既有了区别又有了联系。耗散结构系统是：①开放系统；②远离热力学平衡态系统；③有突变现象的系统（即在临界点附近，控制参数的微小改变可以从根本上改变系统的性质）；④正反馈系统；⑤存在涨落且能由之导致有序结构产生的系统。

复杂系统的形成与演化过程能否用自组织理论完满地解释，很重要的一点是在研究中能否找出一组能定量描述该系统的有关变量。

西德科学家 M·艾根等人创立的超循环论大大推进了自组织理论的研究。艾根从最简单的反应循环入手，阐发了整个生命信息起源、大分子自复制中的主要自组织规律，为揭开生命之谜开辟了全新的前景。

考虑如下催化反应：

$$S \xrightarrow{\text{E}} P$$

实际的中间过程是：催化剂 E 和反应物 S 首先结合成中间产物 ES，ES 逐渐转化为 EP，EP 最后释放出产物 P 和催化剂 E，继而催化剂又参加下一轮的循环。可表示为：

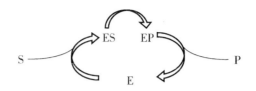

图 3－1 反应循环示意图

这就构成一个反应循环。最简单的反应循环其形式机制是一个三元循环，简单情况下，其产物的增长是线性的。反应循环在整体上相当于一个催化剂，催化剂在循环中再生出自己称作自再生或自创生。光合作用循环、三羧酸循环等在整体上都相当于一个自创生的催化剂，都是反应循环。

如果以反应循环作为子系统，这些子系统循环地联系起来，构成反应循环的循环系统，这样的循环系统称作催化循环。催化循环在整体上是一个自催化系统，在整个循环过程中不断产生出或复制出自催化剂。因此，催化循环已是一种自复制系统，具有自复制能力。即相当于：

图 3－2 催化循环

简单情况下，催化循环产物按指数增长。正是这种自复制机制存在于构成生命特征的许多重要的生物化学过程中。RNA 单链的自复制、DNA 双链的自复制都是催化循环。

如果进一步以催化循环为子系统，这些子系统通过功能的循环联系而联结起来，就会聚成更高一级的循环组织，这就是超循环。在超循环中，每一个子系统既能指导自己的复制，又能对下一个中间物（子系统）的产生提供催化支持。超循环的显著特性是有整合性，允许相互竞争的子系统之间形成协同作用。超循环产物理论上按双曲线增长。这使得超循环形成初期能产生大量复制品，迅速取得环境支配地位。

所有开放系统的自组织都必须采取一定的超循环形式。远离平衡的开放系统能够产生出耗散结构的必要前提之一是反应体系中必须存在催化循环。而且进一步的分析表明，即使是最简单的耗散结构（如被称作"布鲁塞尔器"的"三分子模型"）也必定采取某种超循环形式。研究显示，极简单的生命现象也是跟超循环相联系的。例如，Qβ 噬菌体，它是迄今所知的一种最简单的细菌病毒，它有一个含约 4000 个核苷酸的单链 RNA 分子。它感染细菌细胞时的生化过程就是一个简单的超循环。首先，RNA "正"链进入宿主细胞，靠宿主现成的翻译机制和原料合成 RNA 复制酶。其次，在酶的帮助下，复制出 RNA "负"链，以 RNA 负链为模板再复制出 RNA 正链。

生态层次上也普遍采取了超循环形式，从植物、草食动物、以草食动物为食的肉食动物、捕杀其他肉食动物的肉食动物直到食物链顶层自然死亡的动物，其尸体为微生物和自然过程所分解，通过植物的吸收利用重新进入这一系统。考虑一下太阳能对整个生物界物质与能量循环的作用，由太阳能的高能光子转变为低能光子。这一系统催化了一种新陈代谢，其中有机体的繁殖正是这一系统中的自催化环节。显然这里采取的是超循环形式。在社会系统中也存在着形形色色的超循环组织，它们共同构成了社会循环联系之网。拉兹洛更尝试刻画社会文化系统中的自催化和交叉催化循环。①

由此不难看出，生物学与"物理—化学"之间如果一定要有某种合理的"还原"的话，那肯定就是在像超循环论这样全新的形式下的还原。而把这说成是生物学还原为"物理—化学"显然有些牵强附会。这种还原中的关键就在于要有一个足可涵盖先前理论起点的全新的基本信念。比如，在超循环中，对生命现象与非生命现象以及社会现象的解

---

① E·拉兹洛（Ervin Laszlo）. 进化—广义综合理论［M］. 闵家胤，译. 北京：社会
科学文献出版社，1988.

释，都可以获得全新的基本信念。

综上所述，学科之间的还原，不仅取决于一方对另一方在起点上更基本，更取决于学科中研究的实际进展。就生物学向"物理—化学"还原的努力而言，亨普尔的观点较为合理："……在未来的假定过程中，生物学和物理学、化学的界限可能变得模糊不清，一如今天的物理学和化学之间一样。将来的理论很可能采用新型的术语来表述，这种术语在既为现在称为生物学现象也为今天称为物理学或化学现象提供解释和综合性理论中起着作用。对于这类综合统一的理论，"物理—化学"术语和生物学术语的划分也许不再适用了，并且，将生物学最后还原为物理和化学这个概念本身也将失去意义。"①

早期新康德主义者、生理学派的主要代表朗格的社会达尔文主义已经反映出一种联系生物学与社会科学的兴趣；皮亚杰从生物学出发，对智力和一般意义上的认识问题的研究显示了生物学与认知科学的结合；普利高津创立耗散结构论、继之哈肯的协同学，尤其是艾根的超循环理论，不断打通了生物学与"物理—化学"的直接内在联系，也显示了打通自然科学与社会科学之间某些重要的内在联系的全新可能性。

本章小结

信念一经确立就不再改变的情况见诸宗教信仰领域，这种情况下笃信不疑的所信通常称作信仰。在日常生活以及科学探究领域，信念的确立与转换都与相信的根据有关。

持有某信念的根据遭遇相反的情况（如科学理论遭遇到反驳该理

---

① C. G. 亨普尔. 自然科学的哲学［M］. 张华夏，等译. 北京：生活·读书·新知三联书店出版，1983：198.

论的新事实）时，相对于已有信念（前述科学理论），这是一个"反常"。有了反常就有了质疑已有信念的理由。重新审视"反常"有可能让"反常"在原有信念下得到合理和融贯的解释，重新成为"正常"。这种情况下，称作"反常"成功得到了已有信念的"消化"。如果对"反常"的重新解释无法成功，这种"反常"就对信念形成了挑战。受到挑战的信念，如果终于将反常转变为正常，信念将再次被确立；如果反常无法转变为正常，信念将因无法经受住质疑而被放弃。可以恰当解释先前信念遭遇的"反常"为"正常"的新信念，将取代旧的信念，实现信念的转换。

某些情况下，一度宣称被放弃的旧信念有可能面对新的事实，获得重新确立的有力根据，从而被再次确立。新信念的确立，或者旧信念的再确立都是基于可以相信的根据的。在科学领域，这个根据就是科学事实。科学事实对科学信念的支持、质疑或者反驳就是科学信念确立、受到质疑或者放弃的根据。

信念的转换可以是整体性的、"格式塔"式转换，也可以是渐进的、温和的转换。在有些情况下，一种信念转换到另一种信念时，两种基本信念之间的差异十分明显，而这决定了在各自选定的范围、方法、评价标准、理论目标等诸方面均存在巨大差异，以致于这两种体系之间难于在一种公共的尺度上加以衡量。这就是库恩所描述的"范式转换"的信念转换模式。这种模式被库恩的"范式不可通约"推到了极致的相对主义地步。事实上，"范式"未曾揭示的"默认信念"，范式内部解决疑难的尺度以及新范式证伪旧范式的根据都在一定程度上保证了范式之间的连续性。

在理论还原和统一科学的构想中实现的信念的转换，代表了渐进的、温和的转换模式。把生物学还原为物理学和化学的努力并没有取得预想的成功。站在世界的整体性质角度，以及对分门别类地分科的专门研究的局限性的超越的需要上考虑，统一科学的未来趋势似乎更因该是将物理学、化学统一到拥有全新整体观的未来生命科学之下，而不是相反。

　　早期新康德主义者、生理学派的主要代表朗格的社会达尔文主义已经反映出一种联系生物学与社会科学的兴趣。皮亚杰从生物学出发，对智力和一般意义上的认识问题的研究显示了生物学与认识科学的结合；普利高津创立耗散结构论、继之哈肯的协同学，尤其是艾根的超循环理论，不断打通了生物学与"物理—化学"的直接内在联系，也显示了打通自然科学与社会科学之间某些重要的内在联系的全新可能性。在所有这些趋势中，我们可以看到信念的转换既有整体、激进的质变性质，也有渐进、温和的量变性质。

第二编 02

| 信念与认识 |

　　信念在认识活动中扮演的角色之所以被忽略，部分因为理性主义传统专注于自明真理及其永恒价值，部分因为知识论偏好知识的结构、其中的概念和逻辑，忽略了知识由以产生的探究过程，更忽略了时时身在其中的认识者及其行动在认识过程中的重要作用。

第四章

信念在认知中的作用

信念要作为知识，必须得到辩护。而对其所做辩护的有效性的规定是，它不能是循环的，这一点在科学探寻中尤为重要。一种循环的辩护不能奠定任何形式的经验内容的确实性。科学信念要得到有效的辩护，唯一可依照的就是学科中的最基本的预设，即它的基本信念。

第一节　确定"域"的认识角度

我们对事物的认识，至少是那些全面和有系统的认识，需要有一个范围的限定。通常人们喜欢引用波普的观点，认为学科领域的划分是基于该领域中特别的问题以及求解方式的。从问题与求解的角度考虑有很大的好处，即这样可以使得对这些领域的研究进展有一个动态的和发展的视角。据此对领域不同的研究范围的认识可以更接近于科学研究的实际状况。关键在于，这些造成不同学科领域分野的问题是如何提出来的。根据什么提出这种问题它就是属于该领域的问题？依照何种尺度探讨这种问题就是属于该领域的方法？以及同样地，如何形成判定该领域独有的评价标准、接受与拒斥标准？总之，特别的认识领域［美国哲学家达利·夏皮尔（Dudley Shapere）使用"域"这一概念指称不同层级的认识范围］是如何被选定的？

也许可以说，特别的学科领域是由不同的人根据不同的学术兴趣在一定的历史中逐渐形成的，因为从事研究的科学家确实各人有各人的研究兴趣。他们在从事研究之前，在他们还是学生的时候就已经对某些事物发生特别的兴趣。这种兴趣可以一直延续下来，直到他们决定以对该领域的研究为主要追求目标。不过，科学家个人的选择本身也许恰恰是已经在接受某种构成学科分野的东西。着眼于学科与着眼于科学家个人是有所不同的。我们所感兴趣的是，一定的研究领域据以确定的原则是什么。

一、基本信念决定"域"

决定一个特别的认识范围的基准是在该认识范围中的基本信念。这一点，对于理解把整体的世界分成一个个"学科"来加以研究的策略以及这样做的好处和存在的问题，十分重要。

（一）化整为零的研究

对"世界"的研究可以从不同的角度入手，而且也只能从特定的角度入手。尽管哲学从最早开始就宣称要"从整体上"研究万物，但实际上没有一个哲学家不是仅仅在关注他所关注的那些问题。也没有人从空间上真的研究过"万物"，也没有人从时间上针对过"整体"，更没有人在真理上囊括"全部"。当然，有人如此宣称并不足为怪。"世界整体"是一个尽管可以思议却难以想象的话题。当我们说"社会关系"的时候，可以想象诸如"同事""朋友""亲属""团体""阶级关系""敌对关系"等的各种关系，若要研究"社会关系"也可以从某一类关系开始，逐渐地加以考察。于是，在这个"社会关系"中就有越来越多的东西成为为我们所理解和知道的。也许终于有一天，我们开始对这个"社会关系"从总体上有了一个概念。我们对"社会关系"也知道得很多，足可用于一开始进行研究的目标。设想一下，我们能否从一开始就"在整体上"把握一个对象呢？当然可以，这只要考虑一下几何研究中"公设"在几何学理论中的情况就知道了。公设在理论中不是推导得来的，它是从一开始就被作为一个不再追究的基本单元来对待的。在这种意义上，"公设"可以说是一个"从整体上"被把握的东西。

我们把那些关系到诸如空间上"无限大的"和"无限小的"，时间上"最早的"和"最终的"对象中最棘手的问题都放到一起，让它们待在类似于潘多拉的匣子的"公设"里面。这样，我们就可以从有限的时间和空间开始持续的探究，不必时时为那些不能回答的疑难所困扰。这样，也使得我们的研究能够合适地符合于有限的人的目的，而不必过于僭妄地总要为"永恒"和"终极"费神。简言之，相对于"世界整体"而言，经验科学和人文学科实际上都是在做局部的研究。科学实际进行的正是这种"化整为零"的研究。尽管我们总是习惯于用已经获得的理论意指外在的世界，但它们毕竟只是我们的理论，它们能否合适地被当作关于"世界"的知识还须受到辩护。

（二）基本信念与"域"

美国哲学家达利·夏皮尔首先将"域"作为一个严肃的概念并将其置于科学哲学的中心位置。大致说来，特别的研究所针对的范围称作"域"，它可以被看作是一个"化整为零"的单位。就对外部实在的指称（如果认为可以这样指称的话）来讲，域可以指客观世界的某一方面或某类自然现象。① 而就认识活动而言，域则是指我们已经掌握的知识或材料（包括"理论的"和"事实的"两方面）的一个整体。域是根据什么被限定的呢？如此限定一个域、予以一定判断、评价、选择的依据又是什么呢？是"背景信念"，是当时所能得到和可以凭依的最好

---

① 夏皮尔本人曾经对"域"做了限定，在绝大部分讨论中，他将其限定在主观的层面上，用它来专指研究者已经握有的知识或材料。

的"理由"。这个作为"理由"的"背景信念"就是"域"得以确立的基本信念。

作为"理由"的背景信念（background）在夏皮尔的理论中，既是学科奠基的基础，也是科学发展的基础和科学评价的依据。背景信念被接受为当然的和牢固的根基（或前提）。背景信念必须满足三个条件：①它必须是已经成功的；②没有受到特殊的、持之有据的怀疑；③与其将在其中使用的"域"是相关的。其中，"域"与源于17世纪代替古希腊和中世纪的"整体研究方法"（holistic approach）并在科学研究中开始广泛使用的"化整为零方法"（Piecemeal approach）有关。这种"化整为零方法"恰恰就是将研究对象孤立为个别的"域"的方法。就范围明确的域进行的研究要解决许多的问题，诸如域自身的问题、理论问题、理论成功问题、理论适当性问题等。

背景信念的成功条件就是指：不存在或克服了"理论成功问题"。说一个理论"成功"，就是指它说明了并且很好地说明了它的"责任域"，即一个理论的"成功"与否可以根据其所说明责任域的完全性和精确性来判断。但由于域是会改变甚至被放弃的——域是什么、研究些什么项、需要说明些什么等都是由"背景知识"（它在域的改变中也会发生相应调整。按照前面的定义，"背景知识"也就是得到辩护的、为真的"背景信念"）决定的，这样"成功"的标准就又是可以随着域的变化而发生改变的。故而，就我们用领域对自然所做的划分而言，就我们当作对自然的"成功"的说明的东西而言都没有任何必然的终结性。夏皮尔在"理由与求真"一文中谈及"成功"时说，"成功"概念抓住了真理实用论背后的直觉——真理即有用——的核心，真理肯定有用（尽管有用未必是真理），它使得我们接受为信念的东西具有预见性。当然，仅凭"有用性"并不足以成为背景信念。

"无可怀疑"相对于域中的问题而言，即"消除了理论的适当性问题"，也就是避免了使得具体的怀疑理由得以存在，诸如"一致性问题""实在断言问题"及"理论间相容性问题"等。要求理论描述在自洽条件下既与其他成功理论相容又切中所描述对象（实在）的这种限制，恰恰抓住了传统真理符合论核心的"合理后裔"，即真理是对外部实在的描述（并非反映）。尽管在夏皮尔看来，传统符合论是基于直觉的，命题的真假并非如传统实在论的真理符合论所认为的"由命题之外的客观实在或实践予以判断"，而是由其他命题来判断的。

科学中并非总是严格地只求助于"已被证明成功"和"未受到具体怀疑"的背景知识的。假说和猜测在科学研究中与背景知识起着相同作用。但是我们这样对待假说毕竟是为了扩展我们的背景知识，补充并深化它；在这样对待假说时，我们**允许这些假说模仿背景知识，像知**识那样发挥作用。但是不满足成功和无可怀疑的严格要求的假说与那些满足了这些要求的信念起相同的作用这样一个事实，与前面提出的观点并不相矛盾，因为**重要的是，在这些假说本身和它们在增进科学研究方****面的应用的背后，是那些在很高程度上满足了这些严格标准的背景信****念，这些假说的形成和表述及其应用都以它们为根据**。除了假说与猜测，在明显地不成熟的科学史案例中，科学有时也求助于"外在于""背景知识"的东西进行研究工作。但总的来说，科学使用或尽可能试图使用的只是那些已表明为成功的、无可怀疑的背景信念，它们是具有知识桂冠、目前没有疑难、没有理由被责难的背景信念。

至于"相关性"，它是使科学的和合理的（即满足"成功"与"无可怀疑"两条件的）"潜在理由"转变成可以指导域的研究的"现实理由"的必要条件。对"相关性"条件的阐述与重视是夏皮尔的独创。"相关性条件"是他将一般合理性条件与具体问题环境、形式与内容、绝对与相对结合起来的一种尝试。是否一定观点被看作理由，关键取决于其论点如何精确地被表述，论据的相关性如何清楚地得到确立。具体地说，科学的发展就在于（当然只是部分地）相关关系的逐渐发现、突出并组织，因而也就在于其研究对象和与之直接相关的东西与那些与之无关的东西逐渐区分，也就是科学与非科学的逐渐划界。可见"相关性"不仅是信念成为特殊域的"理由"的必要条件，它还是使得科学得以与非学相区别的关键因素。

科学所凭依的、满足"成功性""无可怀疑性"和"相关性"等条件、作为"理由"的"背景信念"就是奠立特殊的学科领域的基本信念。依据这些基本信念，科学学科的分野以及科学研究才有了基础。

"域"的范围其实可大可小，小到对话的一个话题，大到全部知识领域。就我们所关心的主要问题，这里只对学科和学说分别加以讨论。

（三）基本信念与学科的确立

不同学科的划分是说明信念对"域"的限定的较好示例。以下就欧氏几何学的情况做些讨论。

最早作为埃及人的经验而为希腊人知晓的土地测量原理，所引发的是对其理论重要性的浓厚兴趣。希腊人想要理解他们后来称之为几何学的这门学问本身，找出作为几何基础的关于空间的普遍规律。在好几百年的时间里，希腊最杰出的思想家一直在关注几何学。他们发现并用严格的演绎方法证明了越来越多的几何学原理。以毕达哥拉斯和柏拉图为代表的许多著名先哲都认为，几何学有重大的理智上的重要性。因为，由于几何学的纯粹性和抽象性，它与形而上学和宗教就有了密切的血缘关系。

几何学由于欧几里得的贡献而成为一门为人称道的规范学问。公元前300年左右，欧几里得的经典著作《原本》（*The Elements*）问世。经过古代、中世纪以及近代直至19世纪，欧几里得的《原本》一直不仅被当作几何学的教科书，而且也被看作是科学思维所应效仿的典范。《原本》被公认为西方思想文献中最有影响的经典著作之一。

对埃及人已知的测量原理以及已经为人证明的几何原理的了解使得欧几里得相信，应该有一种得到严格证明的系统的几何学，它不关注具体的点、线和形，而是按照抽象的和理想的方式揭示几何要素之间的关系。这可以说是致力于几何学研究的欧几里得本人的基本信念。就欧氏几何自身而言，它确实并不关注任何特殊的和现实存在的斑点、分界线、地面具有的形，而是始终关注**每一类**某某线或形所将具有的性质。它的每一个定律始终都表述得十分严格和绝对。尤其是，它所包含的定律都有依严格的演绎方法给出的证明。欧几里得正是要通过这种严整的证明，寻求以绝对的逻辑、必然的严格性奠定他的结论。

演绎推理是要揭示前提对结论的蕴涵关系。演绎之所以不是证明，是因为从前提演绎出一个结论，只在这些前提为真时才相当于对该结论做出了一个**证明**。因此，欧几里得所要做的就是找到一些合适的几何学前提。由它们证明出几何学中的那些定律。这意味着，全部几何学中有两类定律，一类是未经证明的，另一类则是从前一类证明得来的。如果前一类本身就是不可信的，当然就没有人会赞成这整个的几何学。因此，就几何学而言，这门学问将成为什么样子、将涉及哪些问题、会有多大的普适性，主要在于这些作为基本信念的第一类前提。而作为欧氏几何第一类前提的，是公设（postulates）、公理（axioms）和定义。

其中，公设在欧几里得几何学中是被当然地当作"是真的"的基本命题。欧几里得的五条公设如下：

①从任意一点到另外任意一点能够画一条直线；

②任何一条有穷直线能够沿一直线连续不断地延长；

③给定任意点与任意距离，能够以此点为圆心、此距离为半径画一圆；

④所有的直角彼此相等；

⑤一直线与另外两直线相交，如果此直线一侧的内角之和小于两直角，那么这另外两直线延长至足够长之后在两内角所在这一侧相交。

可以看出，与实际测量的情况相比，第①②③公设都已经是理想化的设定。这里将所有与几何无关的其他因素完全排除在考虑之外。第④

条公设从逻辑上说就是真的，而欧几里得在这里把它作为公设是因为在他看来，一个角是直角是这样得到的：一直线与另一直线相交时相邻的诸角相等，这样，所有的邻角又都是直角。第⑤条公设又称作平行线公设，后来有人将它改述为：在平面上，过直线外一点仅能作一条直线与该直线不相交。

作为公设的辅助部分，欧几里得还使用了五条公理（axioms）或常识观念（common notion）。照欧几里得的观点，公理与公设之间的区别就在于，公设所谈论的主要是几何学的题材（线、角、形等），公理则是某些更为一般的、不是专门属于几何学的东西，它们适用于更宽泛的范围。公理所涉及的是等量性概念，这是适用于几何以外许多主题的概念。欧氏几何的五条公理是：

①等于同量的量相等；

②等量加等量，其和相等；

③等量减等量，其差相等；

④彼此重合者，彼此相等；

⑤全体大于部分。

公理与公设共同的性质就是它们都被认为是无可怀疑的，都被当然地作为"是真的"而作为学科的前提。就这二者的当然程度而言，如果一个人怀疑或否认公设，那么他显然是错了，并因此而没有资格思考几何学的有关问题；不过他也许还能够可靠地思考其他学科中的问题，比如，算术，生物学或是音乐等。但是，如果一个人怀疑或否认关于量的公理，就不适合于对任何实际严肃的理智性学科进行思考，不适于对所有或几乎所有在其中要以这种或那种方式应用量这个观念的学科进行思考。

涉及一个严整的几何学的要素，还有几何学定律中的"词项"（terms）。欧几里得为了对这些词项应用他的严格性原则，以求每一个出现在其定律中的词项都是经过准确定义的，他还尽其所能地对许多这样的词项进行了定义。比如：

①点是没有部分的那种东西；

②线是没有宽度的长度；

③线的两端是点；

④直线是同其中各点看齐的线；

⑤面是只有长度和宽度的那种东西；

……

⑮圆是包含在一（曲）线里的那种平面图形，从其内某一点（即圆心，作者注。）连到该线的所有直线彼此相等。

……

通过仅仅应用那些经过严整定义的词项，以那些无可怀疑的公理为依据，从最基本的公设就可以推论出全部的几何学定理。这种想法本身就是十分迷人的。在《原本》中得到证明的东西有两类，其中一类是普遍的定律；另一类则是尚待完成的工作（欧几里得为完成这一工作设计出了一套方法，使得遵循该方法就能完成工作）。欧几里得几何的定理有很多。

卷Ⅰ命题4为："如果两个三角形各有两条边分别相等，且相等直线所夹的那个角相等，那么，它们的底边将相等，这两个三角形将相等，其余的角（即与等边相对的角）也相等。"

卷Ⅰ命题47则为："在直角三角形中，与直角相对的边的平方等于直角两边的平方之和。"

以下就卷Ⅰ命题1看看欧几里得对定理的证明。

在一条给定的有穷长直线段上画出一个等边三角形。

令 AB 是直线段。这样，问题就是要在直线段 AB 上画一个等边三角形。以 A 为圆心、AB 为半径，画圆 BCD（根据公设3）；以 B 为圆心、BA 为半径画圆 ACE（根据公设3）；在从两圆相交的点 C 到点 A、B 分别画两条直线 CA、CB（根据公设1）。所要求的等边三角形至此已

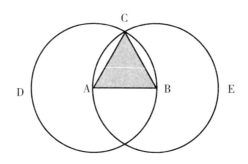

图 4 - 1 欧几里得对定理的证明

经画好了。由于点 A 是圆 BED 的圆心，故而 AC = AB（根据定义 15）；又由于点 B 是圆 ACE 的圆心，故而 BC = AB（根据定义 15）。既然已经有了 AC = AB 和 BC = AB，因此就有 AC = BC（根据公理 1）。由于 AB = CA = CB，所以所画三角形为等边三角形。而且恰恰就是画在直线段 AB 之上的。很显然，这一定理的证明每一步都是严格的。

亚里士多德似乎觉得任何科学都有它自己的明确的第一原则（它应该起着公设的作用），有它自己的明确的初始词项，而且甚至对于每一个被定义的词项都仅仅有一个定义它的正确方法。① 前面在讨论"相信"的时候谈到过"相信是无例外的"，意思是说，认识者可以从任何基本信念开始他的求知旅程。那么这是否意味着，即使像欧几里得几何这样严整的学科换一个角度，从某些别的基本信念入手也能得到一样可靠的体系呢？实际的数学研究情况表明，存在着对于初始词项、定义和公理的各种各样的选择，不仅没有人能够证明它们是不合适的，而且由它们还必将导致对同一题材做出具有同等合法性然而略有不同的表述。在这样一些与欧几里得当年出发点不尽相同的努力中，由德国数学家希尔伯特（D Hilbert，1862—1943）发明的欧几里得几何学的现代公理化

---

① 史蒂芬·巴克尔. 数学哲学［M］. 韩光焘，译. 北京：生活·读书·新知三联书店 1989：47.

处理，仅有"点""线""面""在……之间""全等"这几个初始词项。若干年以后，韦布伦（Oswald Veblen）所完成的另一个非常不一样的公理化系统只使用了"点""在……之间""全等"三个词项，而且，他的公设集合与希尔伯特的也很不一样。特别突出的是，汉汀顿（E. V. Huntington）所完成的公理化系统，仅仅使用了"范围"（sphere）和"包含"（includes）两个词项作为他的初始词项，而他的公设集合也是很不一样的。但上述三者重构的体系，全都是对欧几里得几何学这同一个"域"的表述。在它们之中，欧几里得的全部定理最终都能够得到证明。以现代的观点看，它们都是完全合法的公理化系统。

由此可见，有基本信念和逻辑规则对于学科是主要的，基本信念的具体内容可以有所不同，但不能没有基本信念而有一个在其之上的体系。这样表述似乎有些同义反复，但事实上，如果一个体系作为另一体系的前提，前一理论充当的就是基本信念的角色。

不管怎么说，像欧氏几何这样一个几千年来一直为人研习的学问，时至今日依旧是几何教本的主要内容之一，这一事实已经表明了欧几里得本人严谨论证的卓越成效。

与欧氏几何学相似地，其他的学科，诸如物理学、化学、生物学、地质学……也都有学科的基本信念，包括学科中描述性的部分在内的各种组成要件，都是在与基本信念一致的原则下纳入学科范畴的。

二、基本信念与学说的确立

基本信念是相对于一定的"域"而言的，当眼下进行的只是一次面对面的讨论，参与讨论的双方所关心并谈论的、一个其内容彼此相关的话题，就是一个"域"。进行这种谈话的当然前提就是双方共同的基本信念。如果上述关于学科确立原则的讨论替换成关于学说的讨论，比如，在物理学的光学中的波动说与微粒说的确立，我们面对的就是另一个层次上的"域"，即，学说层次上的"域"。① 以下就以波动说和微粒说为例，对学说的确立原则略加讨论。

（一）光学史背景

十七八世纪，几何光学取得了一系列进展。1621 年，荷兰数学家斯涅尔发现了光的折射定律。1673 年，笛卡尔将这一定律公布出来，人们有时把这一定律的发现归功于笛卡尔。1655 年，意大利科学家格里马蒂发现了光的绕射现象和薄膜干涉现象，但是他不能正确地解释它。胡克对薄膜干涉做了进一步的解释，他认识到在白光的照射下，某些物质（如云母、肥皂泡膜等）只要厚度适当，就会出现彩虹般的条纹，而产生这一现象的原因是从薄膜的上表面反射回来的波动与从下面反射回来的波动不同的缘故。从 1665 年开始，牛顿进行了分解日光的实验，他发现折光是由连续变化的若干单色光组成的，每种光都有不同的折射"能力"。根据这一发现，牛顿解释了为什么由物体上反射的折光经过透镜折射形成的像，边缘有彩色模糊的现象。1672 年，牛顿设计了一种反射望远镜，在该望远镜上，他根据这一解释对成像边缘模糊现象进行了消除。大约在同一时期，牛顿还发现了后来人们称之为牛顿环的现象。这种现象是，当某种单色光透过一块凸面向下的半凸透镜和下面重叠的平面玻璃时，在平面玻璃下的背景上出现以这两块玻璃接触点为圆心的明暗相间的圆环；如果照射的光不是单色光而是复色光，那么形成的将是彩色的圆环。牛顿认为，这是光在走过两块玻璃之间的空气夹层时，不同位置上空气夹层的厚度不同，光通过这一夹层所走的路程也不同。他测量了圆环的分布后发现，所有亮环的半径平方是一个由

---

① 稍加考虑其实不难发现，把几何学作为一个学科，可以说是从几何学当年的背景来考虑的，那时候的几何学毋庸置疑地是一个学科。按照现代数学的研究情况，几何学可以仅仅作为一个学科内部的分支。如果设想统一数学终于可以实现，到那一天几何学如果还存在的话，就有可能只是作为一家学说了。所以这种讨论就是相对的。

奇数组成的算术级数，而所有暗环的半径平方是一个由偶数组成的算术级数。1760 年，丹麦物理学家巴塞林发现了光通过冰洲石晶体时产生双折射的现象。所有这些发现构成了当时光学的主要内容。

伴随着光学上的这些发现，科学家们根据不同的基本信念，对光的本性提出了各自的看法。典型的两种学说，一是以牛顿为代表的微粒说，一是以惠更斯为代表的波动说。

(二) 光的本质的微粒说

微粒说基本信念的源头可以追溯到古希腊的原子论者和毕达哥拉斯学派。其中有人把光线看作是射入眼中的微粒，有人认为视觉是眼睛射出一种射线接触物体后形成的，这一过程就像手触摸物体而有触觉一样。原子论者和毕达哥拉斯学派所处的时代，人们普遍按照日常经验的直观类比对世界本原做出解释，在具体现象的解释上，当然也是深信这种类比的可靠性的。之所以认定"光是微粒"的这一出发点，得自对微粒属性的日常观察。换言之，其基本信念受到常识的辩护。而这一基本信念又促成了科学家按照与它完全符合的标准进行探究。笛卡尔在对光的属性所做的解释中，缺乏一种当时十分注重的、前后一致的性质。或者说他的默认的基本信念是"光有时候像微粒，有时候又像波"。一方面他认为光是从发光体产生的一种压力，通过空中的物质传播到被照射的物体上去，就像盲子用手杖触摸物体一样。（传统的看法常常把笛儿的这种观点作为一种波动学说，因为他反对光经过虚空以无限大速度传播的"超距作用"的观点，而超距作用和虚空往往与微粒学说联系在一起。至少，在这一点上，他是反微粒说的。）另一方面他在解释光为什么有折射、反射现象，为什么遵循着入射角等于反射角以及光在密介质中折射时靠近法线方向等规律时，又把光比作从球拍上发出的弹性小球。他认为，光的反射就像一个弹性表面把小球弹回，而光的折射就像一个小球穿过一层薄布一样。由于界面的作用，光从较疏介质进入较

125

密介质时，其水平方向的分速度的大小没有变化，而垂直方向上的分速度增加了，所以光偏向法线而折射。反之，光从较密介质进入较疏介质时，它就远离法线而折射。因此，笛卡尔对光的本性的认识兼有微粒与波动两种学说的观点。他的"压力说"靠近波动说，他的弹性小球的比喻靠近微粒说。

与笛卡尔形成对比的是，牛顿就光的属性所持的基本信念就是认定"光是微粒"。上述笛卡尔的微粒解释观点与牛顿对反射和折射的解释大致相同。具体而言，就光的属性，牛顿的看法在某些方面与笛卡尔的观点相一致，但他的微粒说比笛卡尔的观点更丰富、更具体。牛顿由"光是微粒"出发，认为光作为"小物体"从光源向各个方向发射出来，但光不是一种连续发射出来的微粒流，而是一种阵发式的簇射。这些运动的微粒在周围的以太介质中激起一种振动，这种振动有时使光粒子被加速，有时使之减速。所以光微粒到达介质界面时，有的粒子被反射，有的粒子被折射，被折射的粒子由于受到界面的推力而在较密介质中速度加快，因而向法线一边靠近。根据同样的道理，当光线穿过牛顿环的两块玻璃之间的空气夹层时，由于它走过的距离不同，有的粒子被加速，有的粒子被减速，故而形成明暗相间的圆环。因此，在微粒说内部，光的所有属性都符合粒子的特点。由于牛顿当时在学术界的崇高威望（换言之，更为人崇信），微粒说在 18 世纪的光学领域一直占据统治地位。

（三）光的本质的波动说

1. 关于波动说

波动说的观点是由意大利的格拉马蒂首先提出来的。1655 年，他在研究穿过一个细孔的一束光线形成的影像时发现，这一束光在屏上形成的亮点比光走直线应有的亮点要大一些。如果在光路中途放一个不透明的物体，如木杆或其他物体，那么在屏上出现的物体影像有模糊的边缘，并且它的黑影部分也比光走直线而投射的几何形状要小一些。这些发现使他领悟到，光可以绕过物体就像水波可以绕过障碍物一样。这种常识类比使得研究光的属性的另外一些人从研究之初就认定了完全不同的出发点："光就是波"。持同样基本信念的还有胡克。他在1665年提出，光是一种快速的小振幅的振动，它以"球形脉冲"的形式向四面八方传播。与微粒说的情形相似，从这一信念出发，研究者在对光学现象进行解释时，始终是从光与波在属性上的一致性着眼的。

荷兰物理学家惠更斯是波动说的集大成者，他在1678年向法国科学院提交的论文中阐述了他的学说。惠更斯认为，发光体的每一部分都发出一个环面波，这些球面波"同步地"向四周传播，因而由这些球面波的前端所连成的包络线就形成一个大的球面波，这就是光的波前。光是沿着与球面波垂直的方向传播的，这种波动能使它邻近的介质振动。传播光波的介质是由小而硬的以太粒子组成的，这些粒子能够把它的波动传给别的粒子而本身并不发生永久性位置移动。他用这样的模型解释了几何光学的成就。惠更斯指出，光的传播方向与波振面垂直，这无论对于球面波或平面波都意味着光走直线。当光波到达一种新的介质界面时，一般都与界面有一夹角。由于这些平行光的各条光线到达界面的时间不同，先到达的在界面上发出一新的球面波，当最后一条光线到达界面时，先发出的那个球面波已走过了一段距离，它与这个刚刚到达的光线所发的球面波连成一个新波前，这个波前与原来的波前就有一个夹角，所以光线发生反射或折射前后都会改变方向。由于光在较密介质中受到较大的阻碍，速度减小，所以它在这一介质中的折射方向就靠近法线。

光的微粒说和波动说各以自己的方式说明了光的一些性质，但是对于双折射现象，这两种学说当时都不能给予圆满的解释。牛顿认为，光的粒子有极性，因而在某些介质中，有的粒子就像绕着圆柱形的轴向前运动，有的粒子就像绕四边形的轴向前运动一样，分成了两束光；惠更斯则认为，这是由于冰洲石粒子呈椭圆形，当光波在其中传播时，从不同方向绕过冰洲石粒子就有前后之差，因而发生双折射。从当时研究的角度看，各自从自己的基本信念出发的这两种学说一时难分优劣。但何以一方完全忽视了另一方的研究而固守己方的结论呢？阻碍他们相互接纳的，是他们在基本信念上的差异。

　　牛顿用微粒说解释了光的直进、反射、折射、双折射现象，牛顿的后继者又解释了光的偏振现象。牛顿本人对"牛顿环"不能用微粒说直接解释，却借以太振动做了一定的说明。惠更斯用波动说也解释了光的反射、折射、双折射现象，但由于他错误地采用了纵波概念，因而无法解释光的偏振现象；又因为他没有波长概念，因而对光的直进和牛顿环也无法解释。对于上述案例，从事实证据的量方面进行考察，做一种理想化模型的处理，则结果示意如下。

表 4－1　波动说与微粒说事实证据对照表①

理论命题	事　实　证　据					
	光的直进	反　射	折　射	双折射	偏振	牛顿环
微粒说	+	+	+	+	+	－
波动说	－	+	+	+		

　　尽管照这种结果可以认为典型的光学实验对微粒说的支持程度，比对波动说的支持程度要高，换言之，微粒说比波动说在当时的历史条件下具有更高的确证度，但如果撇开牛顿当时在学术界享有的崇高威望，不带偏见地评价波动说与微粒说，确实难以就此评骘二者的高低。至少，我们可以有把握说，即使在当时情况下，波动说与微粒说具有同等合法的立论资格。

---

　　①　注：如果理论命题得到某个事实证据的支持，以"＋"来表示；如果理论命题暂时尚未得到某个事实证据的支持，以"－"来表示。

微粒说与波动说能够就同一种自然现象做出完全不同的解释，而且各有根据，这本身说明，对于同一个题材以完全不同的基本信念为前提并不妨碍据此进行探究的合法性。实际的科学进程证实了波动光学的合法性。

2. 波动说的复活

19 世纪光学中的一系列发现极大地支持了光的波动说，使该学说取代微粒说优势而占据统治地位。

最先复活光的波动学说的是英国物理学家托·杨。他原是一名医生，早年在德国哥延根大学从事生理光学的研究。受到德国自然哲学的影响，他认为把光视为一种波动比看作微粒更为合理。他设想如果光是一种振动，那么光也应该有干涉现象。1801 年，他设计了小孔实验，证明一束光通过平面上的两个相距很近的小孔投射到屏幕上，小孔的影像不是两个亮点而是明暗相间的条纹，这正是光干涉的结果。根据同样的道理，杨解释了牛顿环和薄膜上出现的彩色花纹的现象。1808 年，法国科学家马吕斯（E. L. Malus，1775—1812）发现了光的偏振现象。偏振是横波所特有的现象，因为横波的振动方向与传播方向相垂直，只有这种振动才可能出现某一方向上振动特别强，其他方向上振动较弱或者只在某一固定方向上有振动，而在其他方向上振动被消除的偏振现象。偏振现象的发现使光的波动说面临严峻的考验。因为那时主张波动说的人们都认为光是一种纵波，而纵波是无论如何不能有偏振现象发生的。倒是牛顿的微粒说用微粒有极性来解释偏振现象更令人相信。在这一困难面前，杨没有退缩。经过几年认真的研究，他于 1817 年提出了光是横波的观点，纠正了自惠更斯以来一直把光看作是和声波一样的纵波这一传统见解。杨的看法不仅使偏振现象很容易得到合理的解释，而且对菲涅尔（A. J. Fresnel，1788—1827）的工作给予极大的启发。

菲涅尔是 19 世纪波动光学的集大成者。他原是法国的一名工程师，从 1815 年开始研究光学问题。利用杨所提出的光是横波的思想，菲涅尔解释了光的衍射、干涉和偏振等现象，并且独立地完成了光的干涉实验。1818 年，法国科学院悬赏征文，原想以光的衍射为题给光的微粒说寻找更多的根据，可是菲涅尔却以严格的数学运算证明了波动说对衍射现象的解释是无懈可击的，最终他获得了最佳论文奖，为波动学说赢得了胜利。但是，对于波动说的异议并没有因此而消除，因为作为波动说的必然补充，人们早就假定存在着一种传播光的以太介质，这种介质如要能够传播横波，就必须具有一定的弹性。可是它对于通过以太运动的物质并不产生阻力，这是一种相互矛盾的、奇怪的假设。以太的这种奇异性质增加了人们对于波动说的怀疑。围绕光以太而产生的争论，一直延续到相对论产生之时，难怪布鲁斯特①说，对于光的波动说的主要异议是不能设想造物主竟有如此笨拙安排的错误，为了产生光而将以太充满空间。

对于波动说战胜微粒说有决定意义的工作是光速的测定。关于光是否以有限的速度传播，在伽利略时代就有不同的看法。开普勒认为，光的传播速度是无限大；格里马蒂（F. M. Grimaldi，1618—1663）认为，光的速度不是无限大，但是不能测定。伽利略则坚持光速不仅是有限的，而且可以测定。他曾用两个山头上灯光闪亮的办法测定光速但没有成功。17 世纪，丹麦天文学家勒麦（Olaus Romer，1644—1710）通过木星卫星的掩蚀现象测定了光速，但不够精确。只有到了 19 世纪，随着科学和技术的进步，才有足够精确的手段测定光速，并且能够比较光在不同介质中的速度。1894 年，法国人菲索（A. H. L. Fizeau，1819—1896）用高速旋转的齿轮测得空气中的光速为 351000 千米/秒。1862 年，傅科（J. L. Foucault）用旋转多面镜测得真空中的光速为 298000 千

---

① 布鲁斯特（D. Brewster，1781—1868），英国物理学家，对晶体的偏振现象有出色的研究。

米/秒。1879 年，美国人迈克尔逊（A. A. Michelson，1852—1931）得到的数值是 299910 千米/秒；1926 年，他测得的光速是 299796 千米/秒，已达当时的最佳结果。现在通用的光速值是 299792.46 千米/秒。值得指出的是，傅科在测定光在真空中的传播速度的同时，还测定了光在空气中和水中的传播速度，结果证明，光在水中的速度小于它在空气和真空中的速度。这个结果符合波动说的见解，反驳了微粒说在解释折射现象时的预设，它在当时被认为是决定性地判决了微粒说与波动说的争论。

判决性的实验所具有的作用不在于改变对象本身的属性，而在于影响到科学共同体的共同信念，即知识的确立。19 世纪末和 20 世纪初，许多有关光和物质相互作用的现象（如光电效应）不能为波动说所解释，这促使爱因斯坦于 1905 年提出了光由某种粒子（即光子）组成的观念。此后的研究逐步奠定了光的波粒二相性理论。波动说和粒子说各执一词的历史从此成为过去。

波动说与粒子说的例子典型地说明了从不同的基本信念出发，并不妨碍进行深入的科学探究。无论何种选定域的研究工作，只要它认定了该域的基本信念，就可以着手就"域"提出问题，寻求解答，形成一定的理论体系。

第二节　提供范式

从另外一种角度看，基本信念对于理论的作用还在于为一定的域提供了范式。库恩的"范式"概念在他的著作中被他用来在不同的场合表示不同的思想。概而言之，有以下几种。①指一定科学史背景中的科学理论和科学理论体系。它包括各门科学所"共有的符号概括"，可供参照的解释模式以及应用理论、定理于实际研究的实验技术、仪器的制造、使用等。库恩说，范式"是想说明，在科学实际活动中某些被公认的范例——包括定律、理论、应用以及仪器设备统统在内的范例——为某一种科学研究传统的出现提供了模型"①。②范式还包含了世界观，是一种"看问题的方式"，库恩在《对批评的答复》一文中说，"范式的中心是它的哲学方面"②。③范式指"科学共同体"，即科学发展的某一特定历史时期，某一特定研究领域中持有共同的基本观点、基本理论和基本方法的科学家集团。在《再论范式》一文中，库恩又使用了"专业母基"（disciplinary matrix）这一概念，即范式作为某一专业的科学工作者共同掌握的有待进一步发展的基础。这就进一步突出了范式作为科学共同体行动纲领这一含义。如此看来，库恩的"范式"是一个多层次、多功能的范畴，它作为理论与世界观，反映了科学家集团集体的信念，是从事研究的出发点；它作为范例和模型，是科学家解决难题的方法、准则，规定了解题的方向；它作为"科学共同体"，又包含着从事科学事业的主体——科学工作者。纵观上述各种含义，无论是"公认的范例""看问题的方式""科学共同体"，还是"专业母基"，究其根由，都可以追溯到一定域中、某一共同体的基本信念。定律、理论、应用、仪器等是基于与基本信念并与之保持一致的；"看问题的方式"更是与信念紧密相关的，基本信念在一定意义上决定了我们能够观察到什么、不能够观察到什么。天王星从 1690 年起曾经被天文学家多次观测过，但所有观测它的人都把它当作恒星，直到 1781 年，英国天文学家 F·W·赫歇尔依照提丢斯—波德定则正式发现它是一颗行

① T·S·库恩. 科学革命的结构［M］. 金吾伦，胡新和，译. 上海：上海科学技术出版社，1980：8.
② I·拉卡托斯，A·马斯格雷夫 L. 批评与知识的增长［M］. 周寄中，译. 北京：华夏出版社，1987：315.

星。海王星的发现①、广义相对论所预言的三个效应②的观察证实也都是例证。至于"科学共同体",在另一种表述下也就是:持有共同的基本信念的科学家集体。

以下我们来具体讨论一下在科学哲学中逻辑经验主义以及批判理性主义,它们的基本信念和它们代表的范式。

一、关于逻辑经验主义

逻辑经验主义的基本信念大致可以如此表述:存在先天的(或经验)的逻辑(始自罗素、维特根斯坦);存在独立的原科学概念;存在原科学概念和科学方法的不变性;存在观察(语言)和理论(语言)的严格界限;存在发现范围与证明(或辩护)范围的严格区分;科学知识应该是由真命题构成的体系;命题的意义在于它有一定的"可证实性";科学命题不仅是有意义的,而且还必须是可被证明为真的。科学发展是不断累积的。

基于其基本信念,逻辑经验主义所关心的就是:在预设的概念框架下科学知识具有怎样的静态结构;一种规范的科学方法怎样被用于对理论进行辩护;科学知识怎样借归纳证实植根于经验基础。而这种科学静力学的研究就是要建立一套可供人效法的永久模式。由于同样的缘故,逻辑经验主义不太注重科学知识的增长和科学事业本身发展的实际历史。

从其基本信念的传承关系上看,逻辑经验主义部分地继承了古典经验主义的传统,把科学知识的确实性建立于经验基础之上;又部分地继

---

① 海王星是根据英国青年数学家亚当斯和法国巴黎天文台的勒维烈基于摄动理论进行的计算,由柏林天文台的加勒(J·G·Galle,1812—1910)在勒维烈预言的位置以仅仅52的误差发现的。

② 即水星近日点的进动、光线在引力场的偏转、阳光谱线红移等广义相对论预言。它们都在预言做出后被一一观察证实。

承了古典理性主义的传统，坚持方法论上的逻辑主义，即主张把方法看作思维的"纯粹形式"，最一般的逻辑关系，可以不受理论内容的影响，不随理论变化，是统一的、不变的和普遍适用的。逻辑经验主义还以与其真值意义理论（或后期的概率意义理论）直接相关的证实原则力图保证科学知识的可靠性，并以此坚决拒斥形而上学。

从实证主义传统内部来看，尽管拒斥形而上学是他们的共同目标，而且都诉诸经验方法，但拒斥形而上学的理由各不相同。逻辑实证主义（即逻辑经验主义）拒斥形而上学，是因为他们认为形而上学所关注的问题（思维与存在、精神与物质的关系等问题）是毫无意义的问题，所以应予摒弃。早期实证主义则不一样，孔德和斯宾塞认为形而上学问题超出了人类理性能力，而马赫和阿芬那留斯则主张应该用中性的要素取代形而上学的精神与物质本原。

构成逻辑经验主义范式的突出特色的主要是它的意义理论和证实理论。逻辑经验主义的意义理论认为，命题的意义在于它是有真值的，对真值的判断可以是逻辑分析的（针对分析命题），也可以是事实检验的（针对综合命题）。可以判断其真假的任何命题都是有意义的。而形而上学命题是无法判断其真假的，所以毫无意义。科学命题不仅是有意义的，而且还必须是可被证明为真的。科学知识应该是由真命题构成的金字塔。逻辑经验主义认为，就经验科学的综合命题而言，意义标准与证实原则是一致的，"一个命题的意义就是证实它的方法"①。逻辑经验主义在其发展过程中，对证实原则进行了一系列修正，以弥补最初考虑的不足。比如：考虑到经验证实的现实可能性而提出"可证实性"概念；区分了直接证实（即直接由经验予以证实）和间接证实（即看能否还原为仅含有观察名词作谓词的句子）；弱化"证实"概念，代之以"确证"概念，变完全的真为概率的真，以对付全称命题不可能证实，而

---

① 洪谦主编. 逻辑经验主义［M］. 北京：商务印书馆，1989：39.

特称命题也难以完全证实的困难；等等。尽管如此，在逻辑经验主义范式内部，通过证实原则确立科学知识的经验基础和拒斥形而上学的努力却是始终一贯的。

基于证实原则，逻辑经验主义还力图建立科学理论和经验之间的紧密联系。从分析科学的静态结构入手，基于观察语言和理论语言两种不同的科学语言，通过解释的语义规则系统，理论语言从可予检验的观察语言获得了意义。卡尔纳普（Rudolf Carnap）的两层语言模型中标示可观察属性和关系的语词描述可观察事物（观察语言），它自身是有真假的，因而是有意义的。而理论语言（它可以指称不可观察事件或不可观察的方面或特征）的意义经语义规则系统来自观察语言。因此，科学理论中每一个单个的命题都可以直接或间接地从经验中获得意义［比较之下，亨普尔（Carl Gustav Hempel）提出的科学理论结构模型——安全网模型由于整体主义的明显倾向，削弱了以单个命题为意义单位的观念，主张依理论陈述与经验的接近程度区分意义的层次，从而模糊了卡尔纳普两层语言模型中观察（语言）与理论（语言）之间的界限，也模糊了有意义命题与无意义命题间的明显区分］。尽管在细节上存在差异，有时甚至是很大的差异，但逻辑经验主义注重对科学理论结构的分析却是在学派内部十分一致的。

古典归纳主义认为，归纳法既是一种发现的方法，又是一种证明的方法。比如，培根认为，我们唯一的希望乃在于一个真正的归纳法，一个对于发现和论证科学方术真能得用的归纳法……穆勒则把一切发现与证明的逻辑方法都归结为归纳法。他说，一切推理、一切证明以及所有非自明的真理的发现，都是由归纳构成的、解释的。逻辑经验主义作为现代归纳主义，严格区分了发现的范围和证明的范围，认为发现是灵感、直觉等非理性因素参与其中的，科学家在产生新思想时所发生的心理过程；而证明（或辩护）则是指揭示那些思想被事实和其他证据所支持的程度的逻辑论证。发现的范围和思想之间的心理联系有关，证明的范围只和逻辑的联系（以及事实的确认）有关。前者是描述性的，而后者则是规范性的。莱欣巴赫（Hans Reichenbach）对两个范围的区分原本是逻辑上的，但通常被认为既是逻辑上的又是时间上的。其中，检验之前是发现的范围，检验之后是证明的范围。

从整体上看，逻辑经验主义范式有如下特征：①注重理论的形式（或逻辑）结构的分析并形成了具体的理论结构模型。②提出了与真值意义理论密切相关的证实原则。③科学发展观上是累积主义的。

二、关于批判理性主义

卡尔·雷芒德·波普（Karl Raimund Popper）所代表的批判理性主义的基本信念是：一切知识都是可误的；科学知识的特点不在于它的确实性，而是在于它的"可证伪性"，科学的目标不在于获得完全被证实的（或概率越来越高的）理论，而在于获得较好的、可检验程度较高的、经验内容越来越丰富的理论；只要有利于解决科学问题，奇想、预感、思辨等都不应受到排斥。

就其范式的主要方面而言，波普与逻辑经验主义将真理与高概率（从而经验内容的贫乏）相结合相反，他把真理与内容的丰富性相结合。这样，在逻辑经验主义牺牲了科学的深刻性而无益于获得确实性的地方，波普以牺牲确实性及其一切替代品（如高概率）为代价却使深刻性的理想在证伪主义里得以实现。在经验支持或确认方面，波普也不同意由证据单纯对理论进行检验，而是由证据对理论及背景知识都进行检验；基于证实与证伪在逻辑上的不对称性以及经验证实难于区分真正的科学（如哥白尼太阳系学说、爱因斯坦相对论量子理论等）与伪科学（如占星术之类）。波普反对证实原则而代之以证伪原则作为科学与非科学的划界标准；重视研究科学知识的增长问题，把理论的经验内容的丰富性和通过检验的严峻程度作为理论评价的标准。

在注重科学知识的增长方面，波普明确宣称："认识论的中心问题从来是，现在仍然是知识的增长问题。而研究知识增长问题的最好方法是研究科学知识的增长。"① 波普所描述的一幅科学知识增长的图景不是从观察开始的，他认为把观察作为科学的起点是归纳主义的一个错误，纯粹的观察是不存在的。观察总是在一定的理论指导下进行的，在此意义上倒是理论先于观察。但理论也不是科学的起点，因为理论是由问题催生的。"只有通过问题，我们才会有意识地坚持一种理论。正是问题才激励我们去学习、去发展我们的知识、去实验、去观察。"② "因而科学开始于问题，而不是开始于观察。"③ 然而，科学的发展也还不是从问题到理论，因为理论的命运总是被证伪而继之以新的问题。故而科学的发展实则是从问题到问题的不断深入："……应当把科学设想为**从问题到问题的不断进步——从问题到愈来愈深刻的问题**。"④ 波普的这种"从错误中学习"的"试错法"图式包括：问题、试探性理论、（尝试）排除错误和新的问题四个环节。波普将其表示为：$P_1 \rightarrow TT \rightarrow EE \rightarrow P_2$……在科学研究中我们碰到的问题"或者是实际问题，或者是**已经陷入困境的理论**"⑤。针对问题，我们进行大胆的猜想，发挥创造性、提出各种可能的新颖假说。照波普的看法，"大胆的想法，未被证明的预感，以及思辨的思想是我们解释自然的唯一手段"⑥。即在解决问题的活动中，形而上学非但不受排斥反倒是有效的手段。各种试探性理论提出以后就要对其进行检验，尝试排除错误。其中，检验包括先验

① K·R·波普. 科学发现的逻辑 [M]. 查汝强，邱仁宗，译. 北京：科学出版社 1986：Ｘ页（英文版第一版序言）。
② K·R·波普. 猜想与反驳 [M]. 傅季重等，译. 上海：上海译文出版社，1986：318.
③ 同上。
④ K·R·波普. 猜想与反驳 [M]. 傅季重等，译. 上海：上海译文出版社，1986：317.
⑤ K·R·波普. 客观知识 [M]. 舒炜光等，译. 上海：上海译文出版社，1987：270.
⑥ K·R·波普. 客观知识 [M]. 舒炜光等，译. 上海：上海译文出版社，1987：270.

检验和后验检验。前者包括检验理论是否逻辑上无矛盾，是否具有经验科学性质以及对理论内容的丰富性做出评价；后者则指以经验事实对理论进行审理和判决。而涉及对理论进行比较评价时，按波普《科学发现的逻辑》中关于理论评价问题的标准——理论 T′ 比 T 好，如果：

（a）T′ 的可证伪度比 T 高；

（b）T′ 比 T 经受住了更严峻的检验。

以上两条分别从先验的方面（a）和后验的方面（b）给出了对竞争理论做出评价的标准。

无论一个理论是否通过检验而暂时免于被证伪，或者在与其他理论的比较中占有优势，它最后的命运只能是被反驳而置于被淘汰的地位。然而，波普并不判定理论被反驳就是失败。他说："人们往往把反驳看成是对一位科学家的失败或者至少是他的理论失败的证实。应当强调指出，这是一种归纳主义的错误。应当把每一个反驳都看成巨大的成功。"[①] 尽管波普在对待反驳的观点上与众不同，在经历了一番激烈的竞争以后，在科学探究的领域里留下的并非既得的确凿真理，而是新的、"更深刻的"问题。

在波普三个世界的理论中，第一世界是物理对象（包括无机物和有机物）的世界，特别指物质与能量的世界；第二世界是主体意识和经验的世界，即主观精神的世界；第三世界是思想内容，即客观意义的或逻辑意义的思想，包括问题、理论和批评的议论等。这是客观精神的世界。由于科学的进化是在第三世界中发生的，波普似乎可以自由地把认识论和方法论包摄于进化过程之下，同时却令其保持作为规范学说所特有的不受科学内容变化影响的独立性和永恒性。换言之，由于认识论原则和方法论原则处于第三世界之中，对于第一世界和第二世界中发生的科学探究来说，它们却成为超越历史、放诸一切时代而皆准的不变标

---

① K·R·波普. 猜想与反驳 [M]. 傅季重等，译. 上海译文出版社，1986：347.

准。第三世界学说加强了波普将认识论作为逻辑上先于科学的规范学说、当作"第一哲学"的这一"元哲学立场"。由此可见，波普是个逻辑主义者而非历史主义者。

这里似乎有这样一个问题，即波普宣称理论最后的命运只能是被反驳而置于被淘汰的地位，这是否就意味着没有作为科学探究起点的基本信念呢？实际上，波普的基本信念已如前述。即这一宣称本身其实既是波普进行研究（即他的第二世界）的基本信念，也是他所建构的证伪主义理论（即他的第三世界）的基本出发点。或者从另一方面说，如果诚如所言，至少他所宣称的命题不会也在被证伪之列。很显然，若非如此这将是一个悖论。

第三节　奠定内在的明确性

站在一种固执的主观的角度看，认识者首先面对的就是内在的世界。信念的重要作用的另一个方面就在于，由于它，认识者能够以系统的（理论）方式就所关注的域进行内在地"明确的"描述。波普曾经说，理论的命运都是将被反驳和被淘汰。从某种角度上说，被反驳和被淘汰的正是这种暂时的和内在的明确性。只不过有时候这种属于个人或极具个人特色的学说的明确性得到了他人的赞成，我们就忽视了它的内在性。要达到这种内在的明确性，需要回答"域的问题"和"理论问题"。

首先，域的问题。确定域的范围，提高域的描述精度，决定域中项的取舍。即涉及域的完全性、域的描述、域的连贯性等问题。

其次，理论问题。要求对域进行"说明"的问题，对它的解答以理论的形式出现。所以对理论问题的解答往往直接导致科学知识的增长。对于认识者来说，这种描述的明确性不仅有认知方面的作用，还有着行动上的指导意义。

以下从现代遗传学的角度就孟德尔遗传学解读这种内在明确性。

一、公认的明确性

就一个域的描述有时候被共同体公认为"明确的"，它不仅对域、域的范围、域中项的取舍等问题有精确完备的描述，而且形成了相应严整的理论。因此，这样的域能够很好地既对已有的事件进行解释，还能够依据它的描述预测将会发生的事件。在遗传学上，分子遗传学对遗传机制的描述不仅使得遗传学的"域"十分清楚，而且诉诸分子行为和生殖机制的解释使得这种全新的遗传学理论具有跨领域解释遗传机制的完整性。分子遗传学中，"遗传因子"已经被明确为"基因"，在染色体水平上，它是"染色体上的片段"；在分子水平上，则是决定对应生物性状的脱氧核糖核酸（DNA）分子片段。分子水平的基因还包括非染色体基因，即位于细胞质中的（如线粒体中的）基因。所以，在分子遗传学中，遗传不仅是核物质决定的遗传，还有细胞质遗传。分子遗传学的遗传描述是大范围地相互连贯的。

第一，基因作为遗传物质在表达为性状的过程中的生物化学机制——中心法则明确了遗传物质从复制、储存到表达的全部分子机制。这包括 DNA 在细胞核中的复制、转录；在细胞质中信使核糖核酸（mRNA）将转录的 DNA 核苷酸顺序（在转移核糖核酸的参与下）翻译成为相应的氨基酸顺序，从而产生出特定的蛋白质；由蛋白质在细胞、组织、系统以及整个生物体中扮演的结构和功能（酶的催化调控功能）角色，表现出不同的性状。中心法则将遗传的细胞核机制、细胞质机制以及经蛋白质实现的性状表达做了一气呵成的连贯的解释。

第二，分子遗传学的解释与细胞水平、染色体水平以及分子水平的遗传学观察都保持高度的一致性。它实现了不同层次的解释的完美和谐。

第三，分子遗传学的遗传图景与生物生殖行为、细胞减数分裂、变异的产生，包括基因的重组与突变机制，完全顺理成章地解释、打通了跨专业的不同描述。

第四，分子遗传学理论能够很好地还原经典遗传学理论（这一点以下将详细讨论）。

综上所述，分子遗传学确实很好地解决了遗传这一特殊"域"的问题。它所实现的明确性得到公认，自然不足为怪。

根据分子遗传学的理论，孟德尔遗传学中的显隐性关系、分离规律、自由组合规律，以及基因概念和摩尔根的"连锁—互换"规律，都可以按分子遗传学机制很好地加以说明。换言之，经典遗传学可以很好地为分子遗传学所还原。

按照分子遗传学的观点，基因是 DNA 分子的片段，DNA 分子与蛋白质结合成染色体。姊妹染色体是在细胞分裂间期由单个染色体复制产生的两个相同染色体（又叫染色单体），由着丝点连接；同源染色体是合子（以及正常体细胞）中分别得自父方和母方的——对应的（两套）染色体。同源染色体的对应位置上的 DNA 片段具有同类的性状决定功能。DNA 的信息储存与表达（即性状的决定机制）遵循中心法则（见图 4-2）。

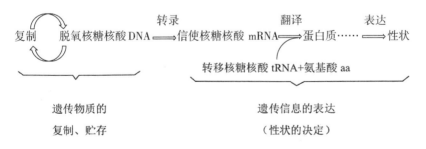

图 4-2　遗传信息存储转录与翻译表达的中心法则

选定两对相对性状：豌豆种皮黄色（显性）—绿色（隐性）（纯合

体基因型分别为 AA 和 aa）和圆形（显性）—皱形（隐性）（纯合体基因型分别为 BB 和 bb），则基因型 AA、Aa 表现显性性状：黄色；基因型 aa 表现隐性性状：绿色。相应地，BB、Bb 表现显性性状：圆形，bb 表现隐性性状：皱形。于是，根据上述内容，对有关遗传现象可做出解释，即显隐性关系可以解释成一个基因的存在对另一个基因表达的阻抑；分离规律是由于同源染色体在形成配子时分离，共存于杂合体中的等位基因（根本没有相互沾染，而是）相互分开，进入不同配子。子一代杂合体自交，含显性或隐性基因的两种配子融合则随机地产生三种基因型（AA、Aa、aa）比率为 1：2：1；两种表现型（显性或隐性）的比率则为 3：1。即分离规律揭示了等位基因在遗传中的分离行为。自由组合规律则是由于配子形成时，子一代杂合体中两对杂合等位基因分别分离开以后，非等位基因随机地经减数分裂进入同一配子。结果形成四种不同的配子（基因型为 AB、Ab、aB、ab）他们随机地在受精过程中融合成九种不同的合子，基因型与表现型比为：

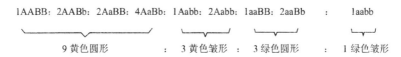

1AABB：2AABb：2AaBB：4AaBb：1Aabb：2Aabb：1aaBB：2aaBb ： 1aabb

9 黄色圆形 ： 3 黄色皱形 ： 3 绿色圆形 ： 1 绿色皱形

图 4 - 3 子二代合子基因型表现型比例

以上分离规律适用于每对相对性状的遗传行为。自由组合规律则适合于位于不同对的同源染色体上的非等位基因决定的多对相对性状的遗传。简言之，自由组合规律适用于所研究的多对相对性状的对应基因对分别位居多对同源染色体的情况（每对同源染色体上仅有一对等位基因被选中）。倘若选定的多对相对性状的对应基因对位于同一对同源染色体上，此时的遗传将符合摩尔根的"连锁—互换"规律。

果蝇的颜色与翅形、玉米种子糊粉层颜色与种子形状，由于都是由同一对同源染色体上的非等位基因分别决定的，故而它们的遗传机制与同源染色体上的非等位基因的行为有关。以果蝇为例，亲本为灰身长翅（BBVV）和黑身残翅（bbvv）。如果同源染色体之间不发生任何变化，则减数分裂形成两种配子：BV 和 bv，子一代（F1）为杂合体 BbVv，子一代测交①结果将是：

F_1	BbVv	×	bbvv
配子	BV		bv
	bv		
测交后代基因型	1BbVv	:	1bbvv
测交后代表现型	1 双显性		1 双隐形

图 4-4　子一代测交基因型表现型及其比例

但实际情况是，在减数分裂前期Ⅰ的双线期，同源染色体之间单体发生交叉，互换一个染色体片段。如果此种交叉恰恰发生在染色体上选定的两对等位基因之间的部位，则产生出两种新型的配子。这种新型配子的比率大小取决于互换发生的频率。于是，子一代杂合体配子形成过程中会有四种不同的配子，其中，两种新型配子比率一致，且数量较少（设为 k）；原有的另两种配子比率也一致，数量较多（设为 m）。表型比将为 $k:k:m:m$。对 F1 测交的结果将是：

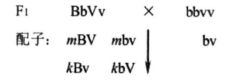

F1	BbVv	×	bbvv
配子:	mBV　$m$bv		bv
	kBv　kbV		

$$m\text{BbVv}: m\text{bbvv}: k\text{Bbvv}: k\text{bbVv}$$

图 4-5　连锁—互换规律中子一代杂合体测交配子比例

---

① 测交即通过基因型未知的个体与纯合隐性个体共同的子代表现型判断前者基因型的遗传学技术。

在这里给出来的可以算是分子遗传学就经典遗传学问题的"标准答案"。不符合这一答案就将被认为是不正确的。依照这一答案，经典遗传学的基本概念和规律可以很好地还原为分子遗传学。因此，分子遗传学所具有的是一种得到公认的明确性。

二、内在的明确性

经典遗传学尤其是孟德尔遗传学的研究方法，属于黑箱方法。孟德尔面对前人已经做过的植物杂交实验，指出他们的实验都有缺陷：①没有对杂种子代中不同类型的植株进行计数；②在杂种后代中没有明确地把各代分别统计，看每一代中不同类型的植株数；3、没有明确肯定每一代中不同类型植株数之间的统计关系。孟德尔相信，只要克服这些缺陷，就有可能找到"杂种形成与发展的普遍适用的规律"。后来他选定了豌豆作为实验植物，详细研究了豌豆的红花—白花、子叶黄色—子叶绿色等相对性状的遗传。

孟德尔时代，并不知道遗传物质的实际运作机制，只能依靠表型上3：1的比例，以及表型上的"不混杂"和"独立分配"现象，假设遗传的内在机制。针对当时流行的"混合式遗传"的观念，他相信遗传因子互不沾染，是"颗粒式的遗传"。孟德尔分析了实验结果以后，提出了如下解释性的假设。

①遗传性状由遗传因子（hereditary determinant 或 factor）决定（因为没有看到性状的混合，所以必得认为遗传因子的本质是颗粒式的）。

②每个植株内有一对遗传因子控制花冠颜色，另一对控制种子形状，等等。每个植株有许多遗传因子，都是成对的。

③每一生殖细胞（精子或卵细胞）只有一个遗传因子。

④在每对遗传因子中，一个来自父本雄性生殖细胞，一个来自母本雌性生殖细胞。

⑤形成生殖细胞时，每对遗传因子相互分开（即分离），分别进入

生殖细胞中。形成的生殖细胞只得到每对因子中的一个。

⑥生殖细胞的结合（形成一个新的合子或个体）是随机的。

⑦红花因子和白花因子是同一遗传因子的两种形式，其中红花对白花为显性，白花对红花为隐性。

孟德尔只是做了杂交实验，他所看到的只是亲代、子一代和子二代个体的表型，以及所研究的七对相对性状所共有的独特比例3：1。如何检验他的假设呢？如果上述假设是对的，则对于红花（CC）—白花（cc）性状而言，子一代基因型应为Cc。如果进行测交，因为子一代形成两种配子C和c，将得到两种比例相当的表型比：红花（Cc）1：白花（cc）1。结果实验得到166个后代植株，其中85开红花、81开白花，与预期符合。

所以孟德尔得到了叙述如下的分离规律，即一对遗传因子在杂合体中保持相对性独立性，而在配子形成时，又按照原样分离到不同的配子中去。在一般情况下，配子的比例为1：1，子二代基因型分离比为1：2：1，子二代表型分离比为3：1。分离出来的隐性纯合体和原来隐性亲本在表型上是一样的，隐性基因并不因为和显性基因在一起而改变它的性质。一对相对性状的研究极大地鼓舞了孟德尔对"系统的遗传规律"的信心，他将研究进一步推广到两对相对性状的研究。

自由组合规律选定的两对相对性状实际钊刘的情况已如上述，是不同对的同源染色体上的非等位基因间的遗传行为。除了等位基因分离之外，非等位基因还在配子融合时随机地进入合子，形成完全均匀分布的基因型比。从子二代基因型上看，每对基因的分离比均为3：1，而就整个两对形状的表型比则按"双显性：一种单显性：另一种单显性：双隐性的比例为9：3：3：1"。实际情况与孟德尔的假设完全符合。这种对遗传规律描述的明确性还是内在的。因为它并不像分子遗传学那样具有必然的解释能力。

孟德尔的方法在从系统的输出行为推出其功能和机制方面是成功

的，尤其当它完全任意地、人为划定地对"性状"进行的选择中有这样的巧合，即豌豆的那几个被选定的相对性状碰巧是由不同对的同源染色体上的非等位基因决定的，这种方法就更是肯定会富有成果。相形之下，分子生物学的研究则是从分子机制自身直接入手的。要想由后者推演出前者的结论，存在这样的困难：分子水平的基因研究是基于化学过程（中心法则）追索 DNA 片段对表型的影响。这些片段有的一个决定几个外显的性状，有的多个决定一个性状，有的并不决定任何外显性状（如片段 A–T–T、A–T–C、A–C–T 转录成 mRNA 的 UAA、UAG、UGA 三个无义密码），有的基因对（别的）等位基因不是简单显性（有不完全显性、镶嵌显性、并显性等）。这样一来，孟德尔方法选定的一个直观上十分显然、简单的性状要通过其结构、功能机制、分子合成过程……非常繁复地追索到也许多得难以尽述或者难于定位的 DNA 片断上，这几乎是无法完成的工作。

如果当时孟德尔所选定的两对相对性状恰恰像后来摩尔根的果蝇实验中的情况，即选定的两对相对性状由位于同一对同源染色体上的非等位基因决定，那么，摩尔根的方法将难以奏效。孟德尔的基本信念和分析方法也就不会把他带到分离规律和自由组合规律。

但无论如何，就当时遗传学的整个研究水平来说，孟德尔关于遗传的理论完全是明确了然的。他所取得的成就不容忽视。比照分子遗传学理论不难发现，孟德尔遗传学理论所具有的明确性在他的理论体系内部是无可非议的。实际上，科学家个人或者某个学派所进行的研究，首先是在追求其内在的明确描述。这种努力之能够一以贯之地持续下去，是受了基本信念的指导的。基本信念在研究中所起的作用，既有开始时提供起点的意义，也有整个探寻中的指导意义。当然，这一基本信念并非不可更改。实际情况是，它之为任何内容已经不同的基本信念所替代，并不影响新的基本信念充当同样的角色。

本章小结

作为"理由"的背景信念既是学科奠基的基础，也是科学发展的基础和科学评价的依据。背景信念被接受为当然的和牢固的根基（或前提）。背景信念必须满足"成功性""无可怀疑性"和"相关性"三个条件。作为"理由"的"背景信念"就是奠立特殊的学科领域的基本信念。依据这些基本信念，科学学科的分野以及科学研究才有了基础。

"公设"在欧氏几何学中不是推导得来的，它是从一开始就被作为一个不再追究的基本单元来对待的。在这种意义上，"公设"可以说是一个"从整体上"被把握的东西。类似"公设"的基本信念是欧几里得的公理体系得以展开的前提。经验科学中的学科的基本信念，正是具体学科能够着手对世界的化整为零研究的前提。

有基本信念和逻辑规则，对于学科是主要的。基本信念的具体内容可以有所不同，但不能没有基本信念而有一个在其之上的体系。自然科学各门学科，如物理学、化学、生物学、地质学……都有学科的基本信念，包括学科中描述性的部分在内的各种组成要件，都是在与基本信念一致的原则下纳入学科范畴的。无论何种选定域的研究工作，只要它认定了该域的基本信念，就可以着手就域提出问题，寻求解答，形成一定的理论体系。

基本信念决定了在一定"域"中选择的认识角度、决定了学科划界的基准、学术奠定的前提、范式的基本特征及其内在的明确性。

第五章

相信与怀疑的不对称关系

　　一个不相信一切的人除了像皮浪主义那样持续地怀疑下去之外，他不能有任何根据充分的行动。因为要行动就得有所凭依，需要有些东西是确定的，为此，行动者就得相信些什么。问题是，我们相信什么不相信什么不是凭我们任意宣称的，相信确实构成了我们据以思考、言谈和行动的根据，它构成我们心中的"真实"。那些为我们所相信，即被肯定地认作"真"的命题（集），当它（们）同时作为我们行动的指导原则时，我们的认知能力和理性评价系统会做出选择。那些相对于当前行动的目标而言，成功的、无可置疑的和相关的信念会指导制定行动的策略和方案。普通人是可以依照其信念的指导来确定行动目标、行动计划和方案来实施行动的，行动成功，我们的愿望就可以实现。彻底的怀疑主义却只能陷入持续的怀疑之中，即使对他当下持怀疑态度这一点，也不能有所断定，因为这一断定使得他的怀疑被终止，于是怀疑就是"不彻底的"。常人相信那些有理由相信的，怀疑那些有根据怀疑的，因此，他们可以凭借信念去实施各种能够满足其愿望的行动，也能根据理由去怀疑，还能断定自己"在怀疑"。彻底的怀疑主义怀疑一切，要将怀疑进行到底，所以他除了自顾自地"怀疑着"，不能有其他的行动。造成常人与彻底怀疑主义者如此巨大差别的是"相信与怀疑的不对称关系"。

第一节 相信奠定确定性

相信是确定的肯定态度（即"S 相信 P 是真的"，确定的否定态度是"S 相信 P 是假的"），是按照相信者内在一致的既有标准就对象或命题持有的确定的肯定态度。从某种意义上说，认识者在相信中通过认知、情感和意志表达的确定的肯定态度内在地奠定并逐步扩展"我的世界"。

"S 相信 P"这一表达形式意味着：在认识上，S 确定地把 P 认作"是真的"；在本体论上，P 被接受为"我的世界"中确实的存在；在行动上，S 会基于"P 是真的"去计划并采取行动。

怀疑是"不确定的"否定态度。"怀疑"正是在"S 不对 P 持有确定的肯定态度"或"使被确定者不再被确定"这一含意上是与"相信"是相对立的。对比怀疑，尤其是彻底的怀疑主义的怀疑，我们更能了解相信在"确定性"之中的作用。

怀疑"一切"的怀疑者如果它反身地怀疑他"正在进行中的怀疑"，这个"在怀疑"在被言说的时候就被"对象化"了，被确定地肯定为"在""怀疑"①，这与他怀疑"是否在怀疑"矛盾。问题出在言说中的"在怀疑"（它是被言说的对象）与"在怀疑着"（正在进行的动作）并非同一件事。如果怀疑者怀疑一切，也怀疑此时正在怀疑……但他并不谈论自己的怀疑，而是怀疑着，并怀疑这个怀疑着怀疑的怀疑……这是无限退移的怀疑状态，但却并没有自相矛盾。从这里不难发现两点。一是怀疑一切的怀疑指向自身时，怀疑变得不可言说。言说中的"怀疑"与"在怀疑"会出现矛盾。二是彻底的怀疑主义的怀疑，只要不加言说，

---

① 维特根斯坦有类似的观点：一切语言游戏都是以语词"和对象"再次被辨认出来为基础。详见：L. Wittgenstein. On Certainty [M], Oxford, 1969. §455.

它可以一直持续进行。但这种情况下，怀疑者除了持续这样地处于怀疑状态之外，他不能有其他的行动，甚至不能言说这个"怀疑"。怀疑一切的人，没有任何信念可以作为据以行动的根据。这就是为什么怀疑派"不做判断"的因由。实际上，就连"不做判断"这样的断言说出来也是自相矛盾的，因为这其实已经是对行动所做的一个判断。

休谟就逻辑的确实性的批评也解释了"相信"在奠定确定性方面的作用，即如果通过相信，"概念"就是可以成立的，就没有必要还要"判断"，再要"推理"。既然通过相信能够使最基本的"概念"（对一个或较多的观念的简单观察）成立，既然能够这样形成只含有一个观念的命题，我们当然无须应用两个观念，更无须求助于第三个观念作为它们之间的中介。完全可以运用我们用于"概念"并使其成立的方法去针对一组观念的复杂观察。在从概念到判断、再到推理的逻辑程序中预设了两种原则：一是通过相信达到的确定性——赋予概念以确定性的原则，二是经由演绎规则的确定性扩展而来的赋予判断、推理以确定性的原则。概念之所以能成立，并不是由于它演绎地确实，而是因为我们相信"概念"，因而相信了我们所想象的事物之中由我们交托给"概念"并由它代表的真实。所以，判断与推理的确实性不大于概念的确实性。而概念的确实性来源于"相信"而非推理规则。科学的学说如果没有一个靠相信赋予其确实性的基本前提，它就不能可靠地展开。因此，是相信，是由于有了信念，我们的理性才有了支点，以一定的信念为前提的理性思考才能产生确实的"知识"。这些"知识"恰恰又是带有普遍性的、有根据的公共信念。

在维特根斯坦的《论确定性》中，本源性的确定性是超出于确证与不确证的，即这种命题本身既不真也不假，它们是摩尔举起手来列举的那类"常识命题"，是构成经验命题的基础。维特根斯坦认为，属于经验知识的命题都是需要有根据的、待确证的。摩尔的"常识命题"则是为这些命题得到确证的根基。维特根斯坦把"常识命题"与待确证命题之间的关系比作河床与河水的关系。维特根斯坦在其他地方又使用"世界图景"和"游戏规则"表达相似的意思："但是我得到我的世界图景并不是由于我曾确信其正确性，也不是由于我现在确信其正确性。不是的，这是我用来分辨真伪的传统背景。描述这幅世界图景的命题也许是一种神话的一部分，其功用类似于一种游戏规则。这种游戏可从全靠实践而不是靠任何明确的规则学会。"① 我们对经验命题、信念提供根据、论证、确认的有效过程结束于语言游戏底基的"行动"："因为行动才是语言游戏的根基。"② 维特根斯坦并把这种确定性明确地等同于"生活形式"："现在我想把这种确定性不是看作某种类似于轻率、表面的东西，而是看作生活形式。"③

维特根斯坦把被给予的"世界图景"或者"生活形式"作为"确定性"的根基使得关于知识和确定性的哲学思考获得前所未有的整体格局。这不妨碍我们从相信与怀疑相对的角度明确这一点：相信奠定了确定性。相信那些作为生活形式的诸多"常识命题"，它们才对我们是"确定的"，才能够为其他经验知识命题加以确证。尽管从起源上，那些作为"世界图景"或"生活形式"的部分在不疑、不信的状态下就"被给予"了，也就是说，它们在认识者的认识能力成长的极早期就已经被"接受"了，但谈及认知者对它们持有何种态度，显然是相信，而不是怀疑。

我们欣然相信欧式几何的五大公设，欧几里得几何学体系整体的确定性就被奠定了。怀疑或替换欧几里得的任何一个公设，欧几里得体系已有的确定性就被动摇。罗巴切夫斯基和黎曼就相信了不同的公设，因而奠定了不同的确定的几何学。

物理学家相信有"物理变化"并投身探究各类"物理性质改变的

---

① Ludwig Wittgenstein. On Certainty［M］. Blackwell, Oxford, 1969. § 94—95.

② Ludwig Wittgenstein. On Certainty［M］. Blackwell, Oxford, 1969. § 204.

③ Ludwig Wittgenstein. On Certainty［M］. Blackwell, Oxford, 1969. § 358.

物质运动规律"，物理学就成为被确定的、有相对明确学科界限的学科。相信奠定了确定性，怀疑是在有所确定的前提下，使被确定者处于"不再被确定状态"才是可行的。

第二节　相信使怀疑可以言说

在第一节中讨论过，彻底的怀疑主义者不可以谈论他的"怀疑一切"，一旦他谈论"怀疑'在怀疑'"，矛盾就出现了。他的"在怀疑"一经言说就被确定了。这个反身的表达中，"怀疑"是正在进行的动作，作为"怀疑"动作对象的宾语"在怀疑"被对象化为"怀疑"所指向的对象。由于语言游戏的性质，被言说的"在怀疑"与怀疑其"是否在怀疑"出现矛盾。因此，彻底的怀疑主义者言说他的怀疑，并将这个怀疑指向怀疑自身，他就陷入了矛盾。奥古斯丁和笛卡尔都是在语言游戏中发现了这种关于怀疑的矛盾，才误以为"通过怀疑，达到了确信"。事实上，发现"S 怀疑 S 在怀疑……"有矛盾并转而达到确信的，是奥古斯丁和笛卡尔，而不是彻底的怀疑主义者。一个彻底的怀疑主义者的怀疑，是对"在怀疑"的怀疑一路不停，他不对任何时刻的态度不加怀疑，而是时时刻刻怀疑，一直这样怀疑着……他之"在怀疑"不涉及任何矛盾。只有奥古斯丁问"你是否怀疑'你正在怀疑'？"（即把怀疑主义的前一刻的"怀疑"对象化为此刻的怀疑对象）时，这种矛盾才会被揭示。一个不理会奥古斯丁发问的彻底的怀疑主义者径自在他的一以贯之的"怀疑"状态之中，他并没有面对矛盾。他跟奥古斯丁对话，就陷入了奥古斯丁发现的怀疑者悖论（即怀疑一切的怀疑者不能怀疑他自己的怀疑）。如果奥古斯丁设想按彻底的怀疑主义者的方式去怀疑，他不能得出"我疑故我在"的结论。他设想与彻底的怀疑主义者对话，这才有了"我疑故我在"。

　　彻底的怀疑主义者可以不言说自己的怀疑，但坚持怀疑一切，包括怀疑此时的态度是否在怀疑……他的怀疑真正"彻底"且前后一贯，他并未自相矛盾。但要保持不自相矛盾，他的"怀疑"无法言说，他也不能从怀疑脱身。他的行动只能限于一直处在"怀疑着"之中，除外无法有其他行动。

　　我们在考虑彻底的怀疑主义如何能够"怀疑一切"的时候，把它写成命题 P_0：S 怀疑 P。当 S 怀疑自身"是否真的在怀疑"时，S 怀疑 P_0，P_0 即"S 怀疑 P"，于是指向自身的怀疑就成了"S 怀疑 S'在怀疑'……"只需要允许谈论"是否在怀疑"、相信了"在怀疑"，对这个"在怀疑"加以怀疑就有了对象，怀疑可以持续进行，被言说的"怀疑"与"在怀疑"之间出现矛盾。这种矛盾的揭示，是在相信"在怀疑"因而言说出来的情况下出现的。但是，毕竟言说"怀疑"，可以让彻底的怀疑主义者怀疑一切，又将怀疑指向自身的矛盾可以被揭示出来。不然，一个前后一致的怀疑一切的彻底怀疑主义者，除了处于怀疑、无穷退移的怀疑状态之中，他什么也做不了。关键正在于，即使是彻底的怀疑主义者，他们也不能不谈论"怀疑"，更没法不出离"怀疑"。所以，从"怀疑"之中回到日常生活并谈论他们的"怀疑"就有了与奥古斯丁的对话。相信怀疑者的怀疑派是"在怀疑"，这是一个确定的肯定，但"怀疑"表达的是不确定的否定，这样才出现了"怀疑者悖论"。相信"在怀疑"，才有了"怀疑'在怀疑'"，才可以谈论关于"怀疑一切的怀疑派不能怀疑他自己的怀疑"。于是"彻底的怀疑是有例外的"。

　　相信不仅使得"怀疑"是可以言说的，相信者一边有根据地相信，另一边也有根据地怀疑，并不宣称怀疑一切，他之相信和怀疑都持之有据，因此，无论是依根据相信，还是依根据怀疑，都不存在困扰。如果考虑"P_0：S 相信 P"反身自指的情况有什么不同呢？当 $P = P_0$，就有"S 相信'S 在相信……'……"，尽管"相信'在相信'"中也有两个层次的"相信"，与怀疑者悖论相似地，如果宣称"相信一切的相信者"相信他"正在相信"，这里并没有出现一个"相信者悖论"。因此，"相信一切的相信者能够相信他自己的相信"。这样看来"彻底的相信并没有例外"。

相信，是认识者可以获得确定的认识出发点。不同的认识者从不同的出发点都可以启动探究。宣称从"相信"入手，获得知识的里程可以经历相信不同的东西。相信也可以相信怀疑。这使得"怀疑"可以被言说。相信使我们有了思考的起点、学说的基础，也使怀疑有了可以针对的对象。相信，还让我们获得行动需要凭依的信念。有了相信和信念，面对充满不确定的世界，认识者和行动者就有了依据和方向。

第三节　怀疑使行动失去根据

不仅仅在"彻底怀疑主义者的怀疑有例外"的意义上讲，怀疑使怀疑者失去行动根据，在一般意义上讲，有了怀疑，与被怀疑的信念相关的行动就依据不足。行动者与行动目标、计划、必要性、可行性、成功概率、风险与隐患的评估相关的信念受到怀疑，那就意味着这些作为行动基础的条件变得不确定。

如果行动中出现了异常情况，异常事件在行动计划和预案应对范围以内，行动仍会按计划推进。如果异常情况超出计划和预案能够应对的范围，那就需要进入暂停或终止行动的程序。

行动之前，行动者根据需要形成意向，意向与具体的可能的满足需要的目标的契合产生愿望。信念与认知系统将结合可能的行动目标、行动的条件评估行动的可行性以及风险和隐患，如果构成行动决策的基本条件不具备或者风险过高、隐患严重，决策系统会做出放弃行动的决定。如果通过评估，信念和认知系统将做出行动方案（行动目标、计划、动作和进程控制），行动的实施则按方案进行。

行动目标、计划、进程控制等关于行动的方案的制定并不是基于完全的知识的。行动者应对环境依据的是"我的世界"所拥有的确定性。行动者的信念系统是他据以把握充满不确定性的外部环境，满足其需要，实现生存与发展目标的根据。在对其需要与愿望的优先级、环境的合适度、行动可行性的分析评估中，在行动目标、计划、进程确定的诸环节，需要调用对于行动者来说真实可靠的各种信念。这个编织在行动方案的各个环节的信念支撑其可靠性和有效性的行动蓝图，是成功行动的依据，也是行动从设想、制定方案、实施直到行动结果评估的整体框架。每一个组件的可靠性都是建立在"主观上充分"的基础上的。怀疑指向任何"主观上充分"的部分，就立即让这一部分失去支撑作用。怀疑正是对已有信念的确定性的动摇，这种动摇在认识上就能撼动我们据以思考的前提，在行动上就能令行动缺乏导向成功的充分根据。

在行动的各个环节，怀疑的出现如果涉及行动计划的实施，就可能导致暂停或终止行动。它的后续发展可能是调查具体情况，如果能够消除疑虑，重新确立计划，行动可以继续下去。如果针对怀疑所做的调查表明怀疑根据充分，却有重大漏洞或突发影响因素，行动就可能被迫终止。这是在心智健全的理性行动中怀疑影响行动根据的情形。

性格多疑因而在常人并无疑虑情况下，有些怀疑倾向偏重的人会有较多的怀疑。这种情况下，怀疑往往让他们在行动之前更长时间游移不定，在行动中也容易忧心忡忡。原因是怀疑削弱了他们对实现愿望的行动各环节在主观上应有的确实程度。

严重的精神偏常甚至精神疾患才让人完全陷入"疑心病"的状态，也就是对即使是简单的日常举措的必要性、可行性都缺乏把握。严重的、时时刻刻如影随形的怀疑会深深困扰患者，以致强迫自己多次重复一个简单的实务，就因为对其中某个细节身不由己地怀疑。这种源自身体和精神失调的疑心病其实是正常人相信一件简单的事情的能力的削弱甚至缺失。

在计划周密、影响重大的行动中，一个很小细节上的怀疑都有可能动摇整个行动计划，因为怀疑动摇的是行动的依据。更不要说怀疑在生活的日常层面到处弥漫对一个人的行动有多严重的影响了。

怀疑者他的怀疑当然会影响他自己的行动，怀疑者的怀疑也影响他人的行动。行动准备中，行动者受到相关成员的怀疑，尤其是与决策相关的重要人士的怀疑，对整个行动会产生巨大影响。如果行动决策、行动计划各环节的相关信念受到怀疑，行动所受到的影响与外来的怀疑的来源、直接影响的对象、范围和强度都有关系。

群众运动、大规模行动以及社会改革统一思想认识，做好舆论宣传之所以重要，就在于一方面可以增强信心，让众人在事先思想清楚、认识明白、信心百倍、信念坚定，另一方面也可使问题谈充分、困难摆透彻、相互信任、不生疑窦、不传谣言。让信念的积极建设性充分发挥，无端怀疑动摇行动依据的消极作用尽量降低。

本章小结

相信与怀疑的不对称关系表现在"怀疑一切的怀疑者不能怀疑他的怀疑，怀疑是有例外的"，而"相信一切的相信者也可以相信他的相信，相信是无例外的"。"相信"与"怀疑"的这种关系和"肯定"与"否定"以及"生"与"死"之间正相反对的关系不同。因为与"相信"正相反对的是"不相信"，但"不相信"并不等于"怀疑"。反过来也一样，与"怀疑"正相反对的是"不怀疑"，而"不怀疑"也不等于"相信"。因为这两者的关系与我们的认识大有关系，在很多场合都被默认为是一对反义词。本章所做的讨论就是要把"相信""怀疑"与"确定性"在思考、言说和行动中的关系加以厘清。

　　是相信奠定了我们思考、言说和行动的确定性。找到任何合理根据地相信，因此让我们得到有根据的信念。基于信念，我们的思想、言说和行动就有了凭依，有了根据。不同的人、不同的学科可以从完全不同的基本信念开始。因为相信可以相信自身，也可以相信怀疑。相信让思想、言说和行动获得确实的起点或依据。怀疑是以相信为基础的，怀疑针对有所相信、针对信念。如果失去"可疑的"信念，怀疑者要做怀疑一切的怀疑，怀疑就要么陷入矛盾（在声言"怀疑'在怀疑'"的语境下），要么不陷入矛盾但陷入持续的怀疑黑洞，无法从怀疑逃脱。

　　相信与怀疑的这种不对称关系以及它们之间在矛盾中的互动恰恰构成了我们与经验世界打交道时极重要的思想、言谈和行动模式。从原始宗教、自然哲学到各门科学，我们因相信而有所确立，因怀疑而让新的理性思考和经验成果成为得到变更的新知识，这些新知识让我们有了向更广袤的宇宙时空和更深邃的人性维度探寻的新基石……相信让我们有所确立，怀疑让我们的信念持续更新。信念的获得、信念的更新依怀疑与相信在这种不对称的互动关系推动我们的思想、言谈和行动在个体的生活史中，在人类的社会历史中不断向前，持续推进。信念像是圆心，我们的坚守和毅力作为半径，每个个体用一生画圆。怀疑让每个人、每个学科在不同的阶段有可能改换至不　样的圆心……

　　宗教以对至高至大者、全知全能者的信仰为圆心，以信徒的虔诚和坚韧为半径，宗教的整体性和一致性诠释了其教义中的智慧。

　　科学化整为零的策略让每一门学科都在选定的局部获得了大量的信念，随着探究的深入，每一次科学范式的转换都变更了科学的"圆心"（库恩范式中最基本的信念，那些与"看世界的方式"有关的基本信念）。科学在期盼"统一"。在统一成为现实之前，学科各自相信它们选定的基本信念，科学在自行其是的成长中随着"相信"与"怀疑"不对称的互动继续扩大疆域，朝向"整体"。

第六章

确定性、信念与真理

从意见、信念、知识到真理，其确实性越来越高。由于意见被认作是主观上不充分，客观上也不充分的。因此，知识论并不认真研究"意见"。

与信念、知识以及辩护相关的几个要点最早是在《泰阿泰德篇》中提出的。它们是柏拉图对话的精神中最有现代气息的部分。在《泰阿泰德篇》中详细讨论了关于知识的三种定义，它们是：知识即感觉或知觉（perception or sensation）；知识即真信念；知识即"true belief *meta logou*"，贝尔尼特（Burnet）将此翻译为："伴以对自身或其基础的理性说明的真信念。"柏拉图不同意第二种，即关于知识是真信念的观点。他强调，律师可以说服陪审团接受实际上是运用修辞工具说明为真的那些**信念**，但不可以说是借此给他们提供**知识**。第三种定义（即伴以对自身或其基础的理性说明的真信念）在效果上把知识作为得到辩护的真信念。与此相反，柏拉图指出它是循环和退移的（circular and regressive）。

存在明显的理由反对第一种，即知识作为感觉的这一定义。因为按当时的观点，**感觉**本身必须用知识加以定义，即通过感官所获得的关于外部世界的**知识**。现代意义上的知识包括感觉但范围远远超出感觉的范畴。感觉只属于感性知识的层面，把理性知识仍然说是感觉就是显然不合适的。这里如果将第一种定义理解为把知识等同于感觉，或许会更好地反映柏拉图想要加以批评的观点。当然，这样也使得柏拉图将这一定义与普罗塔哥拉"人是万物的尺度"（或者说，对每个人而言，真理就是在他看来确系如此的东西）的论题视为一致显得更有道理。

实际上，普罗塔哥拉的论题应该被更精确地解释为这种观点：知识与信念是并无二致的同一个东西。正如柏拉图所指出的，这种观点有着明显矛盾的含义。（我们大家都相信别人的某些信念比我们的更真实，而且许多人相信普罗塔哥拉的论题是错误的。）照这种观点，经验知识的基础由关于直接经验的不可矫正的（incorrigible）陈述组成。据此，我们所相信的若是关于我们当下的感觉或经验，它就是真的，不论我们可能怎么说起它们。如果说这类感觉是亲知的（self – intimating）也是正确的。在我们不知道它们会出现的时候它们不可能出现这种意义上，它的前件是每一种感觉是知识的一个项（item），尽管并非知识的每一个项都是感觉。

在《泰阿泰德篇》就知识作为真信念的讨论中，柏拉图提出了假信念的问题。因为如果信念——X 是 Y——是假的，就没有一个是 Y 的 X 构成一个有真假的信念。我们如何能够错误地相信 X 是 Y 呢？假信念，似乎根本就不是信念。对这一问题可能很简单的解决方案就是，指出我们能够足够了解一件事 X 以确认它为谈话的主题而不必了解它的所有方面（比如，它是 Y 或是 – Y）。另外，这将注意力转移到了这一观点，即知识的对象并非总是命题性的。也就是说，并非所有的知识都是那种知识。知识可以分成两种，既有具有直接对象的知识（knowledge with a direct object），或者在谈到诸如"我认识（know）张三"或"我了解（know）巴黎"时所声称的那一类"对象的知识"（knowledge of），还有赖尔所强调的关于"操作的知识"（knowledge how），即要求一定的技能的知识。这种知识并非关乎真假的命题形式。在知识的程度上也可以有所不同。反对柏拉图的一个更进一步的观点是，我可以足够了解一个人、一件事，**能够有意义地和成功地指称他或它，而无需非要**

说我绝对（*simpliciter*）知道他或它。换一种角度看，"真"如果是客观的，那么"真的"对于信念就是一个太硬的标准。信念只是被接受为真。信念之为真，对相信者而言只是一个预设，一个被相信的预设。但"客观地真"的标准则比这要求得更多。顺着这个话题考虑，信念可以作为相信者的个人认作"真"，即所谓"主观上真"；知识则是认识者们公认的"真"。萨马坎德（Samarkand）是指前苏联的一个城市，还被赋予一定程度的美丽，历史趣味，一定的大小，等等，这些我知道（know）得确实不少，但我完全不了解（know）萨马坎德。因为我从未去过那儿，在那里我将不知如何是好。

柏拉图关于知识三定义的讨论为与知识问题相关的研究打下了基础。但涉及真理、知识、信念、辩护等问题时，一个更带有基本性的重要概念不容忽视，那就是确定性概念。

第一节　确定性

在意见、信念、知识的区分中，信念所具有的确定性是主观的。信念具有的确定性，既有心理上、认知上的意义，也有道德（行动）上的意义。

确定性被称作是信念的认知属性（epistemic property）。类似地，确定性也被称作是主体的认知属性，即 S 确定 P 只在 S 认为 P 是确定的时如此。有些哲学家认为知识和确定性之间并没有区别，但更多哲学家主张对它们加以区分。确定性要么被作为最高级的知识形式，要么被作是唯一优于知识的认知属性。持怀疑态度的论证成功地证明：我们很少或从未有过完全确定的信念，但是这种论证并没有成功证明我们的信念完全没有认知价值。关于确定性的讨论，并没有公认的一致结论。这是因为，与知识一样，确定性分析很难做到无可争议。因为：有不同种类的确定性，容易混淆；确定性的全部价值难以完整把握；确定性在时间维度上有不同的性质，即信念可以在某个时刻是确定的，它也可以一直都是确定的。

一、确定性的含义

存在三种不同的确定性：心理的确定性、认知的确定性和道德的确定性。

心理的确定性是指当拥有它的主体极其确信其真实时，一种信念在心理上是确定的。在这个意义上的确定性类似于不可矫正性，这是一种主体无法放弃地信念。但心理确定性与不可矫正性并非同一回事。一方面，一种信念可以是确定的却不必是不可矫正的［当主体对（先前）某些信念得到非常有说服力的反证并因此而放弃时即是如此］。另一方面，信念可以是不可矫正的，而不必是心理上确定的［一位母亲可能无法放弃他的儿子没有犯下可怕的谋杀罪的信念，但是，与这种不可熄灭的信念并存，这位妈妈可能会受到怀疑的折磨］。

认知的确定性其特征是，当它具有最高可能的认知地位时，这种意义上的信念是确实的。认知确定性通常伴随着心理确定性，但不一定如此。一个主体可能有一种信念，该信念享有最高可能的认知地位，但却并不知道它确实如此。更一般地说，一个主体认为 P 是确实的，并不意味着他确定：他确定 P。

道德的确定性本质上似乎是认知的，尽管其地位比认知的确定性的地位更低。笛卡尔主张，道德确定性是那种足以规范我们的行为的确定性，或者我们对生活行为有关的事务加以衡量的、通常不会怀疑的确定性，尽管我们知道，绝对可以说它们可能是假的。可以设想一种信念在道德上是确实的，而它又会是错误的。以这种方式理解，它似乎不像是一种知识。在这方面不如说，一种信念在道德上是确实的，很大程度上因为它是主观上合理的。

在概念上，确定性通常是用不可怀疑性来说明的，很多论证也都是这么做的。就确定性的很突出的说明是笛卡尔在他著名的关于"我思故我在"的陈述中提供的。笛卡尔认为，关于"我"自己存在的命题必定是真的，只要"我"思考了这一点。通常认为"我思故我在"具有独特的认知地位，因为它能够对付普遍的怀疑。然而，即使笛卡尔对这个知识的确定性持这种看法，他也不接受这样的总的主张：确定性是以不容置疑为基础的。笛卡尔认为，他确信自己是一个有思想的东西，并且他解释了这个"第一的知识"的确定性是由这一事实所致。它是一种清晰而独特的感知。

路德维希·维特根斯坦似乎也将确定性与不容置疑性联系在一起。他说："如果你试图怀疑一切，你就不会怀疑任何事情。怀疑的游戏预设了确定性。"① 让怀疑成为可能的是"这样一个事实，即有些命题是不容怀疑的，怀疑就像铰链一般，那些命题受到怀疑反倒被确定了"②。虽然维特根斯坦的观点有时被认为是对怀疑主义但认识上令人满意的反应——或者提供了对怀疑主义在认识上令人满意的反应的基础，但很难看出他所认为的那种确定性是认知的，而不仅仅是心理上的。因此，当维特根斯坦说"困难之处在于难以认清我们的相信的无根据性"③，似乎很明显所谓的铰链命题是我们在心理上无法提出质疑的命题。

一般来说，每种关于确定性的不可怀疑性的论证都将面临类似的问题。这个问题可能是一种两难，即当主体发现自己无法怀疑自己的某种信念时，要么他有充分的理由无法怀疑，要么他没有这样的理由。如果他没有充分的理由不能怀疑这种信念，那么所涉及的确定性的类型本质上只能是心理的，而不是认知的。另一方面，如果主体确实有充分的理

---

① Ludwig Wittgenstein. On Certainty［M］. Blackwell, Oxford, 1969. §115.

② Ludwig Wittgenstein. On Certainty［M］. Blackwell, Oxford, 1969. §341.

③ Ludwig Wittgenstein. On Certainty［M］. Blackwell, Oxford, 1969. §166.

由不能怀疑其信念，那么信念可能在认识上是确定的。但是，在这种情况下，信念的确定性将成为主体持有它的理由，而不是信念不容置疑的事实。

主张信念不能被怀疑可以至少有四种含义。

第一种是心理学的。如果事实上一个人不能令自己对一个信念中止判断（suspend judgment），他就不能怀疑它。这种确定性将是因人而异的，而且不直接是哲学的兴趣所在。

第二种是逻辑的。这里"怀疑（doubt）"用于意指"假设为错误（suppose false）"，而"能（can）"意为"能无逻辑矛盾地（can without logical inconsistency）"。这就有了理性主义的观点，因为唯有必然真理不能被假定为无矛盾地错误。

第三种将确定性等同于不可矫正性（incorrigibility）。在这里，如果信念的真实性得自"它被相信"这一事实，它就不能被怀疑。任何人怀疑一个不可矫正的信念，表明他不理解表达该信念的词语。最让人津津乐道的不可矫正的信念的例子就是对直接经验的述说。诸如，"我很痛苦"或者"在我看来这里似乎有一张桌子"之类。但这种观点也适用于诸如矛盾律之类更基本的和直觉的必然真理。

第四种是这样的确定性概念，也就是摩尔和他的追随者们的意见。它是我们在通常谈话中用以意指什么不能合理地被怀疑或假设为错误时所实际使用的确定性概念。照这种观点，人们犯各种各样的错误并不是怀疑特定命题之为真的理由。证明怀疑合法所要求的是，在这样的境况下给出的、基于这类证据的这种命题，在过去已经证实为错误的。根据这种意义的确定性，许多基于感觉［或知觉（perception）］、记忆、证据和归纳的信念是客观地确定的并因此而被合适地作为种种知识（items of knowledge）。这种观点的优点在于，它承认许多事实上是必然真理的命题不算或曾经不算确定（less than certain），而且它不要求其中接受任何不可矫正命题的理论。

应该说这四种含义中每一种都有其值得赞成的一面，又不能仅仅只同意其中某一种。从另一种角度看，全部有关"确定"的定义可以化归两种基本模式。第一种，把"确定"当成一种坚定的赞同，亦即排除所有疑虑，而且被认为是终极的赞同。这种确定是主观上无保留的置信。尽管这种确定也是排除了怀疑的，但依然只是一种主观的态度。在宗教信仰中，信徒对于"上帝"的信仰就是终极意义的。第二种，认为确定是"一种基于事情明显性的坚定赞同"。在此，事情的"自明性"不多不少就是指定本身的显而易见的性质，对当事人来说，这种性质源自于对这同一事情的清楚认知。① 这可以等同于客观的确定性。这种确信的根据在于对象的客观确实性。因此，确定性的这两种模式大致相当于康德的置信（berredung）与确信（berzeugung）。

截至目前为止，上述讨论一直只是在就质的方面谈及确定性，没有触及"确定的程度"问题。实际上，我们面临的确定与不确定并非总是绝然两分的。所以，与确定性的程度对应，我们的"相信"也应有"主观置信度"（plausibility）。

逻辑经验主义在其发展过程中对证实原则进行的一系列修正意义重大。由于考虑到经验证实的现实可能性而提出"可证实性"概念，使得证实原则更具有普遍意义；关于直接证实（即直接由经验予以证实）和间接证实（即看能否还原为仅含有观察名词作谓词的句子）的区分澄清了证实的层次；至于将证实概念弱化为确证，变完全的真为概率的真，则不仅使得证实原则能够对付全称命题不可能证实，而特称命题也难以证实的困难，而且给传统的确定性概念带来全新的含义。确证度对应的是不同程度上的确定性。确定与不确定之间有许多部分的确定。相应地，相信与不相信之间也有部分的相信。一事件出现的概率可以先验地计算得到，从而得到一个关于它的确证度，相应地按照一定的程度先

---

① 刘小枫. 20 世纪西方宗教哲学文选［M］. 上海：上海三联书店，1991：522.

验地对其"置信"，就是所谓的"主观置信度"。在诸如打赌之类的情景中，我们实际上是将某事出现的主观置信度外化为一定的赌注。我们有多大程度的"置信"，就相应地押上多少赌注。

通常，认识论者关心的是主体在特定时刻可能知道或确定 P 的条件。然而，随着时间的推移，确定性会出现一些不同的特性。对于一个确定无疑的信念——不仅仅是在某个时刻，而须是一直和绝对地如此——它必须嵌入一个连贯的信念系统之中。如果人类可以具有达到完全确定的能力，肯定是那种能够兼容怀疑的人才能够做到。

二、必然真理与直接经验

罗素曾经发问："世界上是否存在任何如此确定的知识，对它，任何有理性的人都无法加以怀疑？"并由此开始了他对确定的知识的探求。

必然真理单独或者必然真理加上对直接经验的记录就是真正的知识。这一理性主义理论为 20 世纪经验主义哲学家，比如，罗素、C·I·刘易斯（Lewis）以及 A·J·艾耶尔（Ayer）等人广泛接受，这足可证明它强健的生命力。在对它的支持中产生出一连串的论点，这些论点意在表明，尽管在许多种信念中我们感到了主观的确定性，但它们不能算作知识，因为它们不是客观地确定的。

罗素竭力主张，在某种程度上，我们关于事实的一般知识的所有来源（sources）都是靠不住的。感觉为错觉、幻觉和梦想所污染。记忆是公认为充满错误的，可谓声名狼藉。在构筑信念的社会结构中扮演重要角色的证言（testimony），对不可避免地摇摆不定、颇费猜度的他人心智预设了一个推论（inference）。归纳法不能证明它的结论，充其量只告知对可能性的测度。即使是内省（introspection），如果认为它可以传达关于作为持续发展的个性的自我的信息，就超出了直接呈现于心中的东西。按照罗素的观点，唯有直接呈现于心中的——当下出现的思想与信念——才是确定的、绝对可靠的、毋庸置疑的信念的对象。

刘易斯认为，带情感的判断（expressive judgments）单独而言是完全非预测性的（nonpredictive），就未来可观察事件而言，并不存在任何由它们不发生可反驳这类判断的暗示，基于这一点，他从所有其他的经验命题中将带情感的判断区分出来。这样，他就将罗素的立场一般化了。艾耶尔曾经一度走得更远。他主张所有或然的、经验的命题，包括对直接经验的述说等全都是不确定的。原因就在于所有这类命题涉及一般谓词词项对其主词的应用，于是由此产生与先前的比较，可能还带缺陷地记住了对词项应用的例证，在此背景下，它们当然就全都是不确定的。

这种关于经验信念的可误论（fallibilism about empirical belief）得到摩尔以及其后的维特根斯坦、奥斯丁（J. L. Austin）等人一贯的坚持。摩尔的主要观点是，"确定的"一词是学来的，并且因此从诸如一个人举起手并作出感常判断（perceptual judgment）"我确知（know for certain）这是一只手"这样的情景中获得它的意义。有些相当精巧的论点见诸他的著作《哲学文集》。

总的局面是，理性主义者与可误论者一直都在纠缠于不值得考虑的，而且过于苛严的确定性概念。他们只是理所当然地认为，信念若是确定的，它必须是不可怀疑的。

第二节 从信念到知识

为人相信的东西即是所信，在所信中，有些并不直接与行动有关，不构成行动的指导原则。比如，在实验中由特定范式所认可的方法测得的并不重复的单个统计数据，它是为共同体所相信的，但并不成其为以后的实验测定或理论解释的指导原则。另外一些则是构成行动的指导原则。这一部分所信就是信念。比如，实验测定中的"常数"（即重复出现的数值）就不只是所信，它已经属于信念。它将在进一步的研究中不仅成为实验测定的一个基准，还会是理论解释的一种原则。信念的作用就是从实践上，在一定的"域（domain）"中给定一个起点，在此起点基础上有可能进行探究，从而有可能就该域形成一种理论，建立一种学说或构筑一个体系。在理论上则由基本信念提供一个可供推论的基本前提，使得基于这一基本前提的理论能够借语言和逻辑以定律、定理、定义等形式展开。

一、信念的各种含义

（一）信念作为意义

这种观点主要是从宗教心理学角度提出来的。意义这个概念使弗罗姆（Fromm）的宗教定义具有特色，即宗教是"能为个人提供取向结构和献身的目标的"团体共同的思想和行为体系。① 这种信念能满足于"认知结构的认识和了解的需要"②。虽然大多数人向宗教或科学寻求答案，然而仍然有一些人从别处寻求答案来满足他们的这种需要，甚至连"占星术，也会像许多传统的宗教行为那样发生作用"③。作为意义的源泉，宗教试图回答"为什么"的问题，而科学则试图回答"什么"和"怎么样"的问题。

（二）信念作为选择

有些宗教认为信念属于义务。基督教经典似乎要求人们持有某种信

---

① 玛丽·乔·梅多，理查德·德·卡霍. 宗教心理学——个人生活中的宗教［M］. 陈麟书等，译. 成都：四川人民出版社.1990：187.
② 玛丽·乔·梅多，理查德·德·卡霍. 宗教心理学——个人生活中的宗教［M］. 陈麟书等，译. 成都：四川人民出版社.1990：187.
③ 玛丽·乔·梅多，理查德·德·卡霍. 宗教心理学——个人生活中的宗教［M］. 陈麟书等，译. 成都：四川人民出版社.1990：187.

念（见《希伯来书》第 11 章第 6 节）。信念在宗教中成了一种外在的要求。不管你信些什么，反正你得信点什么。这意味着我们能够应这种要求"选择"我们的信念。事实上，如果信念确实有选择的话，信念的"选择"并不是任意的。由于信念有它的形成过程，我们的生活经历促成了某些信念能够形成。即使从宗教的角度看，如一个人"选择"信奉基督教，如果他只是有一本《圣经》，每周跟人一起去教堂，却并不真的相信有"上帝"。这与其说是他"选择"了信念，不如说他只是"选择"了一种外在的形式。但如果经由教化，一个人不仅拿起《圣经》、参加礼拜，而且真心相信基督，这时候他的信念就是自己逐渐形成的。他之拿起《圣经》、参加礼拜并不是已经有诸种信念在心中，以此对其加以选择，因而，谈不上有一个在信念之上的、对信念的选择。这只是就信念"被选择"来说的。当然，宗教信念的"被选择"是依照先前的信念以及教化、求知和思索逐步实现的。实际上，信念还意味着据之进行选择。某种信念促成我们更容易做某些选择而拒绝别的选择。现实限制了我们选择的自由。由于现实并不把一切都以均等的方式向所有的人显示，个人仅仅接触现实的一部分，因而就有不同意见的争论。我们自身的个人历史使信念成为偏爱某物和嫌恶某物的功能。我们的信念在于选择最能够使我们得到满足的那些东西。

照威廉·詹姆士的观点，有时候理性使我们不能选择某个信念。比如，我不可能相信我尚未完成的论文已经成功地付印。我们自己童年所受的教育、我们的希望和恐惧、我们情感的形成、我们的偏见以及我们的积极的和消极的生活经验，所有这一切都使得我们很容易相信某些事情，而对另外的事却不可能相信。几乎没有西方学生愿意接受伊斯兰的信念，即使有人热切地努力想说服他们相信这种信仰对于他们的最终幸福是必要的。大多数受过伊斯兰教育的人同样也拒绝基督教的信念。

有些选择是被迫的，逃不脱的，而另外一些选择则是可以避免的。你可以不去相信"未来的互联网络将对全球意义的社会生活将产生的巨大影响"，只管相信"山茶花喜欢微酸性腐质土壤""改变光照时间可以影响菊花开花期"，靠种花养草过恬澹清静的生活。但是某些情形如人与人之间的关系，就要求做出信念选择。我们决定怎样同他人相处，就产生出这种相互关系的最终事实。如果你不愿意冒风险去同某人建立友谊的话，那么，你就不可能有这样的友谊。而如果你敢于这样，那么，你事先就有对友谊的可能性信念，就会朝着建立这种友谊的方向迈一大步。宗教起作用的方式与这很相同。拒绝信仰上帝的人不可能体验到上帝。在宗教里面，如同在人际关系里面一样，"除非起初就有关于'某个事实会出现'的信念存在，否则根本就不可能出现某个事实……相信一个事实有助于创造出那个事实"。

从另一种角度上看，你关于晚餐请客做什么好吃的最合适，只是个微不足道的信念，它对于你的一生无关紧要。然而，你决心做什么工作，同哪个人发生联系，以及对宗教采取什么样的选择却是至关重要的。因为它们对你的一生有很大的影响。就宗教而言，我们不能够等待结论性的证据后再决定信念。我们不能够知晓，只能相信或者不相信。不决定就是决定反对，因为信念指导我们的行为。怀疑论者宁愿失去可能得到的宗教的好处而不愿冒险在有关信仰方面和问题上出差错。这种决定是基于情感上和愿望上的，这同信仰者做选择时的情感和愿望是相一致的。怀疑论者和信仰者都同样冒着被欺骗的危险。"在上述两种情况下我们采取行动，自己掌握生活的航向。我们当中谁也不应该对他人投反对票，也不应该秽言满口。我们应该尊重别人的思想自由……我们有权自冒风险去相信有足够生命力来引诱我们意志的任何一种假设。"①

---

① William JamesJamees The will to believe and other essays in popular philosophy, New York：Mckay，1897：212—213.

（三）信念作为性格特征

1. 信任

埃里克森认为，基本的信任对于宗教意识的形成是必要的。没有这种感受力和坦然开放的态度，就不可能有信念。"从忧虑中脱胎而出的信任是特定宗教的试金石，是对自己努力的善良和宇宙力量的慈爱的信任"。对于一个具有成熟信念的人来说，"死亡失去了它的毒刺，他完全不必惧怕死亡"①。

2. 依赖

根据弗洛伊德的观点，宗教信念是建立在未满足的从属需要的基础之上的。人们不愿意放弃有一个父亲为他们的一生排忧解难的这种安全感。一个人回忆起他父亲对他的关照，并且保留这样一种权利，使之可以根据自己的愿望，用某一种方式来影响和控制神明。宗教信念对人有很强的控制力，因为它们是对"人类最古老的、最强烈的、最迫切的希望的满足。宗教信仰力量的奥秘就在于这些愿望的力量"。

3. 一致性

"理性的信仰扎根于以人的丰富观察和思考为基础的独立信念之上。"（弗罗姆，1947）"对自身、他人以及上帝的信仰建立在对某种根本的一致性和价值的感知上，同时也建立在根据这种基础而采取的行动上。只有相信自己的人才能够相信别人。"

（四）信念作为过程

有人把信念看作是不同程度的确定性之间的动态相互作用。

"首先是一个轻信的阶段，这在儿童的身上最为明显，他们不辨真伪，什么都相信……在成人身上所表现出来的某些宗教信念也属于这种毫不怀疑的类型——幼稚、独断和无理性。不过，自然而然，怀疑涌入

---

① Erik H Erikson Childhood and society. New York：Norton，1963：250—251.

了人的生活之中，它们是智力思维的一个有机部分。第三个阶段是成熟的信念，它是从此起彼伏、互相交替的怀疑和肯定中艰难地发展起来，而这一点正是丰富的思维的特征。"（奥尔波特，1950/1960）

根据鲁姆克的观点，无信仰是一个人成长的障碍。儿童直到 7 岁还在接受巫术的和神话故事的解释。如果以后仍然以这种形式灌输宗教信念的话，混乱便会随之而来。人必须摒弃巫术式的信念以发展成熟的信念。宗教常常因鼓励那种不真诚的、幼稚的和无疑问的信仰而铸成代价高昂的错误。如果人们通过压抑正常的怀疑和危机，闭锁不同的心灵体验，成熟的信仰就发展不起来。①

二、信念与知识

论及信念与知识的关系，让人很容易想到柏拉图著名的讨论：知识是得到辩护的真信念。从信念到知识，即从主观上充分到客观上也充分，需要一个辩护环节。一个信念怎样才算是得到辩护了呢？

（一）辩护

我们常常说"我知道"以表达非理性的预感或直觉，假使结果令人惊喜地应验了，就会高兴地说"我就知道"。这是否表明真信念甚至可以不加辩护就是知识？我们使用动词"知道"时所做的这种强调（说"……就知道"）表明这种用法是有些不同寻常的。一般为人认可的是，碰巧言中的猜测不算是知识。信念之为真不仅是被持有者认为真，也不能是巧合为真。真信念必须得到辩护才成其为知识。稍加考虑不难发现，这种要求造成了重大的困难。

什么是信念得到辩护？一个显然的答案就是，如果某个另外的信念 P 支持或必需它，则我的信念 Q 得到了辩护。很清楚，仅仅存在另外一

---

① 玛丽·乔·梅多，理查德·德·卡霍. 宗教心理学 ［M］. 陈麟书等，译. 成都：四川人民出版社 1990：280—284.

个信念 P 是不够的。它还必须：①是我的信念；②我必须知道它是真的；③我必须知道它辩护 Q；而且，④我还必须实际地拿它为 Q 做了辩护。但是，如果这就是辩护的定义，先前知识的定义就是循环的和退移的（to be rendered circular and generates a regress）。其结果就是，要辩护任何信念就必须已经先做无穷系列的辩护。

这种退移如何才能中止呢？这关系到另外一个问题：是否所有的辩护必须是这类命题性的或者推论性的？诚如罗素已经注意到的，我们可以如上所述地定义引申出来的知识（derivative knowledge），但必须加上对直觉的或非推论的知识的说明。哲学家们抓住了两种直觉知识，把它们作为所有推论的第一非推论前提，这样就能中止辩护的退移了。其中一种是，自明的必然真理，它无须一个别的辩护；另一种是，基本的或然陈述，经由它所述说的经验［而不是任何后于经验的、可陈述的种种知识（further statable items of knowledge）］立即得到辩护。

逻辑和数学中的公理，诸如逻辑中的排中律及加法中的交换律（a + b = b + a），以及同义反复的陈述，诸如小猫是年幼的猫之类即属第一种。有些哲学家认为，此类直觉的、必然真理记录了智能直觉的结果，是对永恒的一般概念间关系的直接检视；另外一些哲学家则认为，它们之所谓"真"，本质上是语词性的（essentially verbal in character）。一个人如果被认为是理解其中所含词语的通常意义的，则他必须接受它们。接受直觉的必然真理就是准备依之进行推论。如果我理解并接受真理"如果（如果 P，那么 Q），那么（如果非 Q，那么非 P）"，我必须认为，从"如果他有资格，他在 21 岁以上"推出"如果他不在 21 岁以上，他没有资格"是正确的。应用这一类推理规则于直觉的必然前提，就能得到进一步论证的必然真理。

直觉的或然真理（intuitive contingent truths）被认为是描述知觉的直接对象或内省经验。比如，"在我的视野中央有一小片绿色"或"我觉得这像是一面绿旗"，以及"我很痛苦"或"我想睡觉"。这一类基本陈述全部为它们述说的经验所证实，并且免于被任何进一步的经验结果所证伪。在此意义上，有人说它们是不可矫正的（incorrigible）。可能这儿没有绿旗，但不管怎么回事，眼前看起来就是有；我可能一钻进被窝发现根本无法入睡，但当时就是想睡。如果一个陈述之为真，缘自它为有关的人所相信这样一个事实，那么，它是不可矫正的。因此，尽管我可能是错误地在做这样的陈述，但这样的话，我必须当时就知道我这样做这一陈述是错的。我不可能就我的痛苦或我视野中的所见犯诚实的错误。

认为存在这种意义上是基本的、不可矫正的任何或然的经验陈述的观点有时候也遭到否认。19 世纪后期的绝对唯心论者（absolute idealists）提出了知识的一致性理论（coherence theories of knowledge）。在 C. S. 皮尔斯、K. R. 波普以及 W. V. 蒯因那里具有更加经验主义的形式，其中信念被看作是相互辩护，但没有一个在任何意义上是自辩护（self – justifying）的。为了克服这一学说的明显循环，有人证明某些信念更基本，因为经某些约定或临时断定，它们可以被接受为真，而其中所涉及的独断主义因素仅仅是暂时的（only provisional），并允许修正。

这里的一个更基本的问题是，这种被用来中止辩护的循环与退移的"直觉知识"因何就是无须辩护的？它之作为最后的辩护的资格是谁赋予的？它何以享有这样的特权？这个得不到别的证明的"第一的""直觉知识"难道不是一个"更基本的信念"？因为根据前面关于信念与知识的界定，这里的"直觉知识"恰恰属于信念。显然，从逻辑上讲，对于不做妥协的"皮浪主义"，这种关于第一非推论的前提的认定没有丝毫的说服力。如果某个别的信念需要得到辩护才成其为知识，而用于审核作为知识资格的终极标准却仍然是"一个更基本的信念"。这等于是说，一个被告与法官一起要最后受到另一（也许是罪孽更深重的）被告的审判。这其中到底谁更像是法官呢？也许从总体上看，这另一个被告从一开始就是终审法官。这样看来，辩护的过程只是使得认识者终于辩明了在他所关注的域中隐没的"基本信念"。辩护的作用乃在于使所有的信念保持与基本信念的一致。

日常生活中的信念无须严整的辩护。因为信念，从根本上说是一种个体化的东西，它总是打上了个人或是团体的烙印。日常生活并不强求单一一种整齐划一的生活模式，于是，许许多多的信念完全可以并行不悖。许多人可以很坦然地我行我素，与其他人格格不入，持有与常人难以沟通的个人信念。这主要地只与其个人的人生旨趣有关。只要在效果上无碍于社会和他人，可以不为自己多做辩护。比如，如果有某个喜欢吃羊肉的人说他在食堂所吃的胡萝卜"有一股膻味儿"。那么，他可以只管相信"这些胡萝卜中有很棒的羊肉味"，并且在下一次还继续买这种胡萝卜；而旁边不喜欢膻味的听者则可以只管相信"那是由于他太爱吃羊肉的错觉"，并且径直照买那份"根本没有什么膻味儿"的胡萝卜。

宗教信念尽管有时也引证科学的发现以求对其有所增益，但宗教信念并不是主要靠辩护来维持的。只有科学信念是必须辩护的。在科学领域里，科学家实际面临的是问题和求解，他们总是从基本信念出发进行研究的。只要被证明与基本信念是一致的，命题就得到了辩护。

（二）知道与相信

1. "知道的"通常也是"相信的"

关于信念的讨论中，多数是将信念与知识放在一起考虑的。在众多的观点中，有一种观点常常遭到反对，这种观点认为，即使知识与信念可以有同样对象，知识也不能是一种信念。因为知识与信念是相互排斥的。如果"我知道 P"，我说"我相信 P"就是错的。因为这将暗示：我并不知道 P。如果"我知道 P"，有人问我："你相信 P 吗？"我就该回答："不，我知道它。"这种情况在现实生活中确实会发生，区别地答复前述问话也是对的。问题是，这种观点把知识与信念做了绝然的分离，与二者相互联系的实际不相符合，不足以反驳将知识定义为一种信念。如果恺撒把"他的妻子克莉奥巴特拉"说成是"跟我一起过的那个女人"，他会误导人们。如果有人问恺撒："克莉奥巴特拉是不是跟你一起过的那个女人?"他可能会说"不，她是我妻子"。然而，"他妻子"毕竟还是"跟他一起过的那个女人"。但是恺撒并非仅仅只是跟克莉奥巴特拉一起过。这才是关键所在。同样地，我知道 P，其中我不仅仅只相信它，但我仍然是相信它的。谈论某些在一定情形下无疑真实的事情往往容易出错或是形成误导。拿了两块萨奇玛的男孩回答问题"你有几块?"时说"一块"，这可以**是真话**，但**不是全部真话**。

2. "所信"碰巧是真的不能算知道

有这种情况，我们根据当时现有的缘由（可以是我们认为确实的任何缘由）相信一件事，但并不知道它是客观地确实的。或者说，我们所依据的那些缘由根本不足以保证它是客观地确实的，事后却表明我们所信完全是对的。这种纯属巧合的"真"不属于知识。

3. 承认（grant）才知道

反对用信念定义知识的一个更有力的论点是，似乎人们可能"知道"某事就是如此，却还是否认它，或是无法令自己相信。由所有可靠的证人以大量详尽的细节告知一位妇女"她丈夫死于事故"时，她的情形大致就是如此。对这种反对意见的指责有至少三种方式。

其一，指出她既相信他死了，又相信他还没死。既相信某事又相信它的反面这是可能的，或者说，既相信事情可能如此，又相信现实并非如此。也可以设想她相信她的丈夫也许只是受了伤。就对命题的一定的置信度而言，这样"一分为二"地描述当然是可以的。而且这方面可以找到许多别的例子。既"相信某事"又同时"不相信它"则是不可能的。因为这将与相信的本义不相符合，这其中有类似于"怀疑正在怀疑"的矛盾。

其二，面对眼前的情况，她将会说"我不相信"。尽管她的意思可能是：她相信那是假的。在这里，她的不能"相信"，与其说她已经"知道"，不如说她只是"被告知"（或是"听说"）更可取。因为在"被告知"以后，她的现有信念强烈地阻止了她**承认**［grant (the truth of what one says)］一个突然的、与信念相悖的事实。换言之，她所谓"知道"，仅仅只是"明白"（understand）了告知者陈述的意思。被动地（未加承认地）"接受"① 了一个命题。并且，在此"接受"的基础上以怀疑的态度寻求确定地否定它的根据。所以，她的情况实际上是：她不承认，因而她并不知道。通常我们说："我知道 S，但我不相信 S。"实际的意思恰恰是：我了解命题 S 所表达的含义，但我不相信它。比如，"我知道 UFO（不明飞行物，如飞碟等），但我不相信这些事"。其中"UFO"是命题"UFO 曾反复出现（或存在）"的缩略形式。"我理解这其中所述说的意思，但并不相信。""知道"在这里也是"听说过"和"理解"的意思。这里隐藏着一个重要的原则，即，"承认"或"相信"是"知道"的一个要素。"信念"作为认识者个人的"真理"，它要求得到他的承认，不相信它就不成为他的信念，他也并不知道它；"知识"作为公认的"真理"，它要求得到共同体的承认，认识者要将个人的信念转化为知识，得进行辩护——让共同体把该信念承认为并非碰巧为真的真信念。所以，简略地讲，命题得到个人的承认就成为他的信念；个人信念得到共同体的承认就成为知识。完全独立于人的客观真理仅有人的承认似乎是不够的，因为人去承认"独立于人的客观真理"有些矛盾。客观性因此只能是得到公认的"主体间性"。

其三，还有一种进行反驳的可能性，就是指出，尽管她**握有"确凿的根据"**去相信"她的丈夫死了"，事实上，她同时既不相信，又不

---

① 关于接受参看第一章第二节"关于'相信'"：接受并非"同意""赞成""认可"之类较主动的含义，主要是"获得"（acquire）"理解"（understand）"怀有或考虑"（entertain）等较中性的意思。就与态度的关系来说，如果根本就没有在这种意义上接受任何命题，自然就谈不上相信或者怀疑的态度。

知道这一点。日常生活中经常有这样的事情发生：一个人本来有充分的根据做一件事，可是一旦有人对此提出质疑，他却感到确实十分理亏。另一方面，按照黑格尔的说法，"存在即合理"，倘若可以认为事情**合理**就意味着我们**知道它合理**，那求知就是多余的。因而，发现这其中的合理才是待续的求知的一项任务。就真理的情况也是如此，"真理无处不在。"可是傻瓜继续在犯傻，聪明人则知道得多一些。**他者**看来"她握有确凿的根据"是一回事；她本人承认（或意识到）"它们是确凿的"是另一回事。上帝对一切都是了然的，在凡人的周围处处是确凿的根据，而我们不能因为预设了一个全知全能的上帝就能图得省心。

（三）信念与知识的关系

是否所有的"知道"与所有的"相信"都有上述关系呢？这其中牵涉到也许太过广泛的问题。但值得注意的是，知识与信念相重叠所涉及的那种知识属于**命题性的知识**，或如赖尔所称的对象的知识（knowl-edge of）中的"表象的知识"（knowledge that）。我们可以知道某个命题，也可以相信某个命题。比如，可以**知道**"今年的春雪已经给农业和牧业造成了很大的损失。"也可以**相信**"今年的春雪已经给农牧业生产造成了很大的损失。"关于对象的命题在相信与知道中间是通行的。除此之外，还有操作的知识，即"知道如何操作……"（knowing how）（就溜冰而言，就是打方结，做长分腿；就摄影而言，就是根据光线、场景和主题，调整焦距、光圈、快门和合适地取景构图）。这里所要求的是技能，没有真的或假的对象命题。而"知识"也可以在程度上有所变化。

信念在形式上总是命题性的，或者"相信某表象"（believing that）。不存在一个"相信如何操作"（believing how）的信念——作为"知道如何操作"（knowing how）的有缺陷的替代品。这也许与语法有关。在英语中，可以说："I know how to edit a document with Word 2019 under Windows 10. "这一句子述说了一项操作技能，即如何在"视窗10"下面用"文字处理2019"软件做编辑。在这里，说"I know"的意思，有两重：一、就"在'Windows 10'下面用'Word 2019'软件做编辑"提出的命题性的问题，我能回答。于是，就可以有诸如"我知道'页面设置'的功能""我知道'大纲视图'编辑大文档的方便之处""我知道使用'主控文档'并用'文档结构图'比'大纲视图'更方便"，等等属于"表象认识"（knowing that）的命题。这一类命题可以直接从"知道如何操作"转换过来，说成"知道某操作的要点或用法"。比如，说"I know the usage of Word 2019 for editing a document under Windows 10"。当然，这样的话，一个"knowing how"（知识如何操作）将意味着无数个"knowing that"。二、我能够实际地在电脑工作台前演示这一技能。即，在这种情况下说"我知道如何操作"**必须**要能够实现所说的操作。或者按照罗素的概念，必须借此保证"一"属于亲知（knowledge of acquaintance）。如果说话者仅仅只是听说过，或者仅仅从书上读过关于如何操作的介绍，却从来没有做过，也不能实际操作出来。他就并不"知道如何操作"。换言之，"一"只是关于操作的对象性描述。"二"是对"一"合适的证明，是"操作"的本义。由于并非相应地存在"believing how"能够作为"believing that"的证明，因此，在"believing that"中，类似的直接明证性就只限于直接的感觉经验了。

　　从语法上讲，句子"I believe how to edit a document with Word 2019 under Windows 10"根本就不成其为一个可以理解的句子。这个"how"后面紧接的是一种说话者个人的行事技能，它并非在句子之中已经确定，而是要求在行事过程中得到显示。因此，"believe"在语法上不针对这种不确定的、声言具有的操作技能。依照上述分析，"believe"主要的是不能针对"二"中的"操作"。尽管中文的情况有所不同，但也不用疑问代词"如何"来述说一个所信。

声言**认识**（a claim to know）① 某人可以有两种主要的表意与理解方式。比如，说我**认识**张三。一方面我的意思可以是，我曾经见过他但再次见面不一定能认出他。（通常，我们需要彼此交往一阵子他才会记住我，而我也一样。）另一方面我的意思可以是，我知道他喜欢什么风格的音乐、欣赏什么格调、是什么性格，并知道在什么情况下他可能做些什么事。照第一种解释，尽管我会被认为能够对张三的外貌做些许描述，但其中涉及"知道"的东西寥寥无几；而第二种解释，则暗指了某些与他的性格相关的"知识"。但他的经历、健康、职业等却不在其内。因此只是涉及关于他的"知识"的一部分。

声言**了解**（a claim to know） 某个地方通常要求关于"操作的知识"（knowledge how），要求清楚自己在那里如何行事的能力。仅仅待在那里是不够的。知识的其他特别对象还有游戏、语言以及艺术作品。后一类知识可以在相当程度上视同"对人的知识"（knowledge of persons），其余的则作为"操作的知识"，要求拥有技巧。

尽管不能一言以蔽之，不过大致说来，"对象的知识"（knowledge of）可以被还原为"操作"（knowing how）和"表象"（knowing that）的各种混合，绝不要求对被讨论的个人的全部事实拥有知识。按照新康德主义的观点，所有的表象（knowing that）又都可以化归为操作（knowing how）。

综上所述，知识之作为得到辩护的真信念应该得到一些修正。总的来说，信念概念更加宽泛，而知识概念则更狭窄。

信念不必是知识。因为，首先，信念未必是真的，而假的信念不能是知识。其次，一个信念之为真，如果完全是巧合，它也不能是知识。信念之为真只有得到辩护，即为一定的知识共同体所承认，它才成其为

① 这里"声言认识"和后面的"声言了解"在英文中都是"a claim to know"，加以区别完全是依照中文表达上的习惯。

知识。

知识也不必是信念，因为知识之中不止有关乎真假的"命题的知识"，还有非命题的、"操作的知识"，它要求技能——某种承诺在操作中予以兑现的技能。而这里并非相应地有一个"操作的信念"。在科学假说被提出来以后，科学家需要为他所相信的假说提供合适的辩护，得到辩护（在科学研究领域，这种辩护来自科学事实）。因此，稍加限制以后，我们可以说，**就表象的知识而言，知识是得到辩护的真信念**。当然，为了避免柏拉图所批评的那种辩护的循环退移，我们需要一个基本信念，由它得到为所有信念辩护的根据，即自明的必然真理或者基本的或然陈述。

科学假说是科学认识主体在已知的、有限的科学事实和科学原理的基础上，通过科学抽象和判断推理等思维方法，对已存在和已发现的现象做出的假定性解释，以及对尚未发现的现象做出的预测。科学假说的客观确实性尚待"证明"，提供有力的关键事实就成为对"科学假说"进行辩护的重要内容。"证明的方法"可以被看作是科学假说经过适当的辩护成为科学理论的方法。在科学发现中，信念又扮演着怎样的角色呢？

三、科学信念与科学发现

科学发现是科学活动中对未知事物或规律的揭示，主要包括事实的发现和理论的提出。做出科学发现是一切科学活动的直接目标，重要事实或理论的发现也是科学进步的主要标志。无论是默认信念还是范式，在科学发现中都起着非常重要的作用。

（一）科学信念指导科学选题

科学信念指导科学家或课题组从学科背景中甄别重要的科学问题，问题求解的方向和问题相关的求解范围。范式则为针对问题的探究明确出具体路径和解题策略。

孟德尔在面对豌豆杂交实验子二代花色性状红花与白花个体数量出现 3∶1 的规则比例这一现象时，"据果能够溯因""性状不相沾染""表型特征与生殖细胞融合相关"等默认信念让他相信，支配表型分离有某种内在因素在起作用，分析授粉原理和实验结果出现的形状比例，子二代分离出在子一代曾经消失的亲代性状的现象应该有一个合理的解释。这使得他把研究的选题确定为找到遗传中的规律性原理。他的研究发现了遗传因子的分离规律和自由组合规律，开创了经典遗传学。

（二）科学信念在新科学实事的发现中的作用

发现新的科学事实，尤其是重大的带有突破性和革命性意义的科学事实的发现，其本身就是重要的科学发现。

某些信念促进新科学事实的发现，另一些信念则阻碍甚至阻止这类新发现。这方面最典型的例子，是 DNA 双螺旋结构的发现案例。

伦敦大学国王学院罗莎琳德·埃尔西·富兰克林（Rosalind Elsie Franklin，1920.7.25—1958.4.16）从她 1950 年受聘于伦敦大学国王学院开始就在研究 DNA 的化学结构。这里有与 DNA 结构研究密切相关的独门"利器"X 射线衍射装置，也有更多的 DNA 材料。研究条件居领先地位。

在 1952 年前后，富兰克林已通过实验证明，DNA 根据水分含量的差别分 A 型和 B 型两种形式存在。严谨求证的信念令她的研究稳步推进但也进展缓慢。她在不断地完善 DNA 的 X 射线衍射图谱，并独自进行数学解析。她有理有据地否定了沃森（Francis Harry Compton Crick，1916.6.8—2004.7.28）和克里克（James Dewey Watson，1928.4.6—　）早期提出的三螺旋结构假设，并且敏锐地构想螺旋的结构很有可能是磷酸—糖的骨架在外侧，而核苷酸碱基伸向内侧。这让她的工作非常接近 DNA 双螺旋结构的谜底。

可惜作为专业的结构晶体专家的富兰克林的一个信念延缓了她接近

谜底的进程，她不相信直观的揣测，而是相信用直接的方法就可以解决 DNA 结构问题。而且，她的另一个信念索性让她距离成功更加遥远。她相信螺旋结构是 DNA 在特殊条件下出现的一种特殊状态，始终也不敢相信 DNA 在正常情况下都呈螺旋形。

相形之下，沃森 – 克里克小组并不具备研究条件上的优势，甚至看上去与发现 DNA 双螺旋结构的成就相去甚远。可凭借不一样的信念，这两个半路出家的年轻科学家硬是率先发现了 DNA 双螺旋结构。

从物理学转行做 DNA 结构研究的克里克和拿到遗传学博士不久的沃森并没有足够有利的研究积累。但是在那不勒斯旅途中的学术会议上，莫里斯·威尔金斯（Maurice Hugh Frederick Wilkins，1916. 12. 15—1916. 12. 15）展示的 DNA 晶体的 X 射线照片让年轻的沃森深受启发。沃森相信，对 DNA 晶体进行的 X 射线衍射拍照研究，以及已有的化学、物理方法，就可能揭示 DNA 分子的真实结构。他与志同道合的克里克紧密合作，他们共同相信，跨学科地敏锐搜集相关研究成果将有可能让他们在最早发现 DNA 分子结构这一项目上取得优胜！

他们及时掌握了与 DNA 结构研究相关的最新进展——德国科赛尔及其弟子琼斯和列文的四核苷酸假说；奥地利生物化学家查加夫对"四核苷酸假说"的纠正，以及确认"腺嘌呤—胸腺嘧啶""鸟嘌呤—胞嘧啶"两两等量等重要结论；富兰克林关于螺旋的结构很有可能是"磷酸—糖"的骨架在外侧而核苷酸碱基伸向内侧这一天才构想，加上至关重要的直接根据即富兰克林拍摄的 DNA 的 X 射线晶体衍射照片 51 号——率先集合了朝向正确目标的基本要素，加上紧张、勤奋的加班努力，成就了他们的重大发现。

（三）科学信念在问题求解策略选择中的作用

信念是行动的指导原则。科学信念对科学家面对问题寻求解答的策略选择有着导向作用。不同的信念明确并开放了针对问题进行科学猜想的"可能"空间，标记了"不可能"的范围，决定了不一样的问题求解方向和路径。

导致 DNA 双螺旋结构发现的关键信念，一是相信解决 DNA 分子结构问题的基本要素已经近乎具备；二是该问题的解决必须综合多个相关研究领域的最新成果；三是用模型直观建构 DNA 分子模型是可能的。由于沃森和克里克拥有这三个关键的信念，他们的研究路径选择了多角度地掌握最新研究成果，消除了三股螺旋结构中的错误，形成了碱基内测配对的正确构想，拼接成 DNA 双螺旋模型就成了顺利成长的成果。

富兰克林不相信 DNA 正常情况下的结构就是螺旋形，这实际上阻止了她往建构双螺旋结构方向的尝试。

（四）科学信念在构思科学假说中的作用

在科学家面对科学问题时，科学家所持有的信念（他或她确信的实事、理论或原理）能够影响其科学假说的构思。

摩尔根对果蝇突变性状遗传现象的解释不像孟德尔一样，基于生殖细胞融合做出遗传因子分离和自由组合解释。他把果蝇白眼突变性状的遗传与染色体行为结合起来，并依此对突变的白眼果蝇子二代全部是雄性（即伴性遗传）这一现象做出了完美解释。他进而结合遗传的染色体理论和果蝇两对相对性状遗传实验中出现的与孟德尔实验不同的性状比率，建构了同源染色体两对等位基因遗传的"连锁—互换"假说。这一假说得到实验验证，成为重要的染色体遗传学理论。

（五）科学信念在科学发现的价值评判中的作用

科学发现所解决的问题是相对于一定的背景提出来的，科学发现的价值因此是相对该背景来评价的。如果评价背景发生改变，它就会被置于更大的背景之下，或者被放到更具体的背景下评价。因为时间跨度、明确的关键要素不同，评价可以发生改变。但评价中，与价值相关的科学信念始终起着重要作用。

在 DNA 双螺旋结构的发现案例中，对富兰克琳、威尔金斯以及沃森和克里克在 DNA 双螺旋结构发现中所做贡献的评价也十分耐人寻味。

1953 年 4 月 25 日，沃森和克里克的成果在《自然》杂志上发表，引起了巨大的轰动。这是不足为奇的。因为他们俩强烈的求胜心和几乎总能尽快掌握相关最新研究进展用于解决问题的敏锐性、他们合作求解心态的开放性以及努力工作的勤奋度都是空前的。他们的成就几乎提升了所有的相关研究，达到了分子生物学研究在当时所能达到的最高高度。他们获得了 1962 年诺贝尔生理学或医学奖。这是科学界给予他们的最高评价。

同样有着重要贡献的女科学家富兰克林却非常遗憾地没有享受到这样的殊荣，而且在颁奖 4 年前，就因癌症英年早逝。

随着时间的消逝，富兰克林所做贡献的史料不断被披露，科学界关于富兰克林在 DNA 双螺旋结构发现中的贡献逐渐有了公正的评价。富兰克林作为杰出科学家的地位也得到了生物学界的承认。

2002 年英国为了纪念她对发现 DNA 结构的贡献而设立了一个奖章。该奖项每年评选一次，获奖者可以得到 3 万英镑的奖金。英国官员表示，希望该奖项能够重点起到提升女性在科研领域的形象的作用。

2003 年，伦敦国王学院将一栋新大楼命名为"罗莎琳—威尔金斯馆"以纪念她与同事莫里斯·威尔金斯的贡献。

第三节　知识与真理

关于信念、知识与真理的思考历史非常悠久，柏拉图的论述到今天仍然值得认真研究。

一、理性主义的知识理论

柏拉图试图找到知识定义的努力富于洞察力但不算十分成功，相形之下他对知识与信念的区分，对于其后哲学进程的影响更为重大。柏拉图这方面的根本观点就是认为，知识与信念不仅是不同的态度还有着各自不同的对象（distinct and proprietary objects）。知识只能属于永恒的、不变的，只能是形式、理念或一般概念；信念因其对象的缘故而拥有组成暂时世界的、变化的、感官的个别事物。柏拉图对数学的沉思似乎使他得出这一结论。几何学的命题是极好的知识对象，因为经由论证的推理（demonstrative reasoning），它们可以被奠立为一劳永逸、确凿无疑地为真。我们关于暂时事实的信念则更倾向于错觉和谬误。感觉信念（perceptual belief）的感官对象是有矛盾的，它们经历变化而且在不同的时间有着相反的属性。但数学知识的对象则完全不同。几何学所研究的圆与三角形都是精确完美的。它们是我们用通常不足的感觉近似所感觉到的圆的和三角形的东西的理念。

圆的、具体的东西可以有三种方式并不真是圆的。他可能一时是圆的一时是椭圆的，即暂时地是圆的；它可能是别的（比如：绿的、冷的、甜的）也是圆的东西，即附带地是圆的；作为具体的和可感知对象，它可能不是严格的或完美的圆，或者说它只是近似地是圆的。基于这些事实，柏拉图认为这类事物不像几何学的理想圆那样完全真实。理想圆是知识的真正对象，唯有这种完全可知的事物才会是完全真实的。从知识与信念的区别入手，柏拉图得到了相互区别的两种对象，每一种各自组成自己的世界。其中永恒形式（eternal Forms）构成的抽象世界，这是可知的实在（reality）；变化的个别事物（changing particulars）组成的具体世界，它仅仅只是表观（appearance），既不是非存在也不是完全真实，对它不能有知识，只能有信念。

柏拉图关于具体的感官事物的不可知性和非真实性的论点不是十分令人信服。如果这只曾经圆的垫子现在是椭圆的，这并不意味着从前它不真的是圆的。假如这一圆的对象同时还既绿又冷，这丝毫也无损于它之作为圆。最后，即令它不是完美的圆，它可以是相当确实地绿。大致说来，似乎存在许多的命题，它们为一部分人**所知**，但只为另一部分人**所信**。数学家**知道**已证明命题的真理，而其他人则简单地**相信**他们的权威。有些事我现在知道的我过去只是相信，比如：今天我应该在这里写这些；有些事我现在只是相信的我曾经知道，比如：我曾经买雨衣的地方。这些考虑表明知识与信念的对象并非完全相互排斥的。但某些事只能被相信而其他事既可被相信亦可被知道，这仍可以成立。

居于柏拉图关于这一主题的思想核心的是定义"唯理论"一词的一个重要意义的原则，即唯有由先天推理奠定的必然知识才能被知道（be known）。类似于这一原则的某种东西为亚里士多德所接受，尽管他拒斥柏拉图关于时空之外形式或一般概念（Forms or universals）各自占有其抽象世界的学说。在亚里士多德那里，直觉归纳（intuitive induction）过程辨明呈现于具体事物之中形式之间的必然联系，真知识要由直觉归纳过程获得。科学或有序的知识体系（ordered body of knowledge）必须由这种自明的第一原理演绎出的命题组成。

通常声称为**知识**的东西常常被证明是错误的，笛卡尔的理性主义即由对此的反映激发灵感而来。笛卡尔坚持认为，真知识必须是客观地确定和不可能怀疑的。人们常常用著名的"我思故我在"谈及他怀疑一切的方法论努力。"我"不能怀疑"我"怀疑，在怀疑它的行动中"我"证明它是真的；如果"我"怀疑，"我"就在思想，如果"我"思想，"我"就存在。他接着追问，就"我"思（cogito）与存在（sum）而言，有什么如此特别呢？是什么使得它们不容置疑地确定呢？他的于事无补的结论是，它们被清楚明白地认为是真的。用这一制定得较弱的确定性标准，他要表明什么，看看他在实践中拿什么作证明就能很好地找到答案了。看起来有两种命题是被清楚明白地认为真的：①必然真理，它的否定就是自明的矛盾（self-evidently contradictory）；②关于自身当下精神状态的感觉和内省的直接呈现（immediate deliverances）。两种前提都包括在他关于上帝存在的第一证明里，即：

任何事必须有一个充分的原因

我有一个清楚明白的上帝观念

上帝单独作为我对他的观念的充分原因

所以，上帝存在。

实际上，"cogito"并非这两种可知（knowable）中任何一个（将这二者单独来看）的清楚的例证，即令它是（were），也不因为它一方面是必然而直接的，另一方面还是确定的，就意味着任何别的必然而直接的事也是确定的。笛卡尔的初始的确定性可能最早是在星期四想到的，但这并不意味着任何第一次在星期四被他或别的什么人想到的东西也是确定的。"我思"或"我在"不是必然真理，因为"我"可能并非已经醒来，可能从来不曾存在过。倘若果真如此，所讨论的事实当然不能用第一人称单数形式表达。

洛克，尽管他有名正言顺地作为经验主义鼻祖的公认地位，达到了与笛卡尔相当一致的理性主义结论，尽管途径很不相同。他把知识定义为"两个观念一致或不一致的感觉"①，接着区别了三种知识：①诸如红不是绿的事实以及个人经验的事实之类的直觉知识；②论证性的知识（demonstrative knowledge），包括数学，道德以及上帝的存在；③与"我们之外有限存在物（finite beings）的特别存在（particular existence）"有关的感觉知识（sensitive knowledge）。这第三种知识如他所承认的，与他的总定义不相一致。要对我们之外的有限存在物有知，我们不得不从感觉的观念（the ideas of sensation）依因果以及类似推断不是观念的、某物的存在。洛克的定义，如他理解的，把知识限定在了先天必然知识的领域。在直觉与论证中存在对呈现于心智的观念间联系的直接或

---

① J. Locke. Essay Concerning Human Understanding ［M］. London：T. Tegg and Son, 1836：Book 4，Ch. 1，Sec. 2. https：//ebooks. adelaide. edu. au/l/locke/john/l81u/contents. html

间接的知晓。但在第三种情况下，在感觉的观念与并未、而且不能直接呈现给心智的物理事件（physical thing）之间断定了一种联系。

洛克不是引进特殊的类（special category），以容纳我们关于被动经历的观念的知识，而是将其转移到了直觉知识一类。这种知识与他直觉的举例大不相同，是或然的和经验的，而他的举例是必然的和先天的。他满可以引进反省的知识（reflective knowledge）的特殊类以容纳它，它将包含关于单个观念之间联系的断言。而直觉和论证（intuition and demonstration）将覆盖抽象的、一般观念之间的种种联系。这样，尽管洛克关于知识的正式定义将其应用划归必然真理，稍加修正它可以扩展到覆盖个人对其心智的当下内容的知晓。但不论如何变形，它不能用于覆盖真实存在的感觉知识（sensitive knowledge），这是洛克公认的作为辩护和说明目的、特别优越（par excellence）的经验知识。

二、知识定义中的问题

依照广为接受的定义：知识是得到辩护的真信念。成其为某种信念受到这一事实的支持，即知识与信念可以有相同的对象（正如，半小时之前我相信我把论文放在了文件夹里；现在我知道我把论文放在了文件夹里），并且对于相信诸多事物中某事确乎如此的人来说它是真的，对于知道它的人来说也是真的。一个人后来知道了他先前所相信的无损于他先前的确信。

很明显并且得到普遍公认的是，我们仅能就什么是真的拥有知识。如果我承认 P 假，我必须承认我不知道它而且没有人知道，尽管我可以就它像现在这样想，像现在这样说。有些时候我们相信的，事后被证明是真的。但仅仅是碰巧为真的信念不能作为知识。知识必须得到辩护。我可能从假前提经由无效的方法推出真结论，或者基于声名狼藉的撒谎者记忆错误的证言或是强烈的愿望，相信某个真理。在这些情况下，我并不真的知道我所相信的东西，尽管我所相信的是真的。不过，在知识作为得到辩护的真信念这一定义的全部三方面都存在一些异议。

英国哲学家约翰·库克·威尔森（John Cook Wilson，1849—1915）竭力主张，知识概念是初始的、不可定义的。他的弟子普理查德（H·A·Prichard）在这一点上紧紧追随他的观点。与像布拉德雷（F·H·Bradlay）以及贝纳德·鲍桑葵（Bernard Bosanquet）等人那样唯心主义的（idealist）逻辑学家相反，他们认为判断并非是以知识、信念以及观点（opinion）为属（species）的一个种（genus）。库克·威尔森说，判断是推理的结论，而有些知识必须是非推理的。思考的类或属（a kind or species of thinking）与信念的属（a species of belief）都不是知识，因为信念要求既有支持它的已知证据又有认为这一证据并不充分的知识，在此意义上，信念是基于知识的。毫无疑问，信念通常确乎基于证据或者被当作证据的东西，但并非如库克·威尔森所主张的，它必须基于证据。我可能相信一位妇女已经结婚，因为我认为她戴着结婚戒指。她所戴的并非结婚戒指这一事实丝毫也不意味着我不是真的相信我从错误的前提推得的结论。

依普理查德的观点，知识是完全独特的。而且，如他所表述，知识不能“被解释”。他说，我们不能从非知识中获取知识。这种言语如果确系相关的话，简直就是知识不可定义性（indefinability of knowledge）的独断的断言。我们当然可以用它们所不是的东西定义某些事物。比如，并非所有的猫都是小猫、并非所有年幼的东西都是小猫，但小猫根据定义就是年幼的猫。普理查德主张知识与信念是完全不同的，不可能被相互搞错。我们直接和绝对可靠地知道我们的心智状态是一种知识还是一种信念。这样的话，知识与信念就不能是属和种的关系，尽管仍可能是不同属中的相同种——这是为普理查德所排除的另一种可能性。他的关于二者不可能被相互搞错的观点看来显然是错的。我们常常诚实地声称知道某事，结果却被证明是错的。这其中，我们错把信念当作了知识。

相反的可能性可曾被意识到？我们可曾把事实上真正知道的事仅仅

当作信念呢？在知道某事和知道我们知道之间是否存在不同呢？斯宾诺莎认为，没有不同。"有真观念者，同时知其有真观念，他不可能怀疑真理与事物之间的关联。"（《伦理学》第二部分，命题43）。如斯宾诺莎所说，那种学说很清楚地是错的。举例来说，如果通报者是一个臭名昭著的不可靠的告密者，"我"可以完全正当地对一个确乎真实的信念了无信心。换言之，"我"可能有一个实际上真实的信念但却并不知道它真实。但"我"能否知道某事确系所然却不知道"我"知道这一点呢？"我"当然能够在不知道它确系如此的情况下有一个得到辩护的真信念，因为"我"可能没有意识到"我"据以相信该信念的基础确实辩护这一信念。

三、真理

我们所知道的就得是真的，这已经被认为是过于苛刻的要求。陈述中的"真理"不会有完全的确定性，我们最多所能达至的是有很坚实的基础认它为真。如果知识必须是真理，我们绝不可能获得知识，或者至少决不会知道我们已经获得知识。这一反对意见乃属误解。如果我根据我认为可靠的基础坚信某事为真，我说"我知道它"就是对的。有可能这一基础实际上不可靠，并且我所宣称知道的是假的。这里我的宣称是错误的，但这并不意味着**在我没有对这样做进行辩护这一意义上如此宣称是错的**。

还有一种观点，它表明信念与知识迥然不同、彼此无关，这种观点主张，信念可以是真的或是假的，而知识既不是真的也不是假的。这种观点利用了这样一个事实，即我们谈及（speak of）信念而不是知识，唯有属于知识的某物根据定义才是真的，根本无须表明它是真的某物以与假的相区别。

可见，合适地讨论"真理"需要赋予"真理"额外的确实性。意见在主观和客观上都不充分；信念在主观上是充分的但客观上并不一定充分；知识在主观上充分在客观上也是充分的（得到辩护的，因此也是主体间的）；真理的确实性既是独立于主观的、还是不需要额外辩护的。

本章小结

就信念与知识、信念与真理问题的讨论一直都存在着相当不同的观点。但柏拉图围绕知识的三种定义所做的讨论为这些问题的研究提供了很好的框架。知识问题的深入研究已经展示了关于知识与真理的与柏拉图时代迥然不同的图景。

为人相信的即是所信。所信中，构成行动的指导原则的就是信念。一定的理论总是基于一定的基本前提的，这些基本前提就是理论的基本信念。它是理论体系由以展开的基础。以信念定义知识需要做一些限定。由于为人共知的理由，信念不等于知识，因为信念只是主观上确定的，没有得到辩护或者仅仅碰巧为真的信念都不是知识。另一方面，知识之中，那些操作的知识不能是信念，因为信念是命题性的。在这一点上，没有对应于操作知识的操作信念。所以，知识作为得到辩护的真信念应该受到这样的限制，**即就对象的知识而言，知识是得到辩护的真信念**。如果依照新康德主义和操作主义的观点，一切知识都化归为操作的知识，也就像某些哲学家主张的那样，知识不能为信念所定义了。然而，我们的信念都是就对象形成的、被确定地肯定的命题，它们之在"我的世界"中作为我们"确实性"的依据，恰如波普的第三世界之中的内容。而实际的求知过程是在第二世界中进行的一系列变化过程，涉及操作的技巧并没有真假，只有当它进入到第三世界时才是有真假的命题知识，它们才是相信与怀疑的对象。另外，知道与相信的关系也并不是简单的包含关系。一方面，相信的并不一定知道，因为我们"相信"的尺度只是有原因认其为真，而"知道"的尺度则是要求所信与对象保持一致。另一方面，知道的也未必相信，如果我们的现有信念强有力地排斥一个通常会接受的命题，即使有根有据，我们也不大能够相信（当然，换一种角度，也可以说，由于"并不相信"，实际上就根本"不知道"）。

关于确定性，可以像康德所做的那样，简单地将它区分为主观的和客观的两种。对应于这两种客观性，我们的"相信"也有两种类型："确信"和"置信"，前者是基于客观地确定的根据的，而后者则是基于主观的认定的。与后期逻辑经验主义的确证度对应的是不同程度上的确定性。确定与不确定之间有许多部分的确定。相应地，相信与不相信之间也有部分的相信。一事件出现的概率可以先验地计算得到，从而得到一个关于它的确证度，相应地按照一定的程度先验地对其"置信"，就是所谓的"主观置信度"。在诸如打赌之类的情景中，我们实际上是将某事出现的主观置信度外化为一定的赌注。我们有多大程度的"置信"就相应地押上多少赌注。

辩护的结果实际上是在范式以内实现了与基本信念的一致。按照通常的"辩护"的含义，如果某个另外的信念 P 支持或必需它，则我的信念 Q 得到了辩护。这不仅仅需要存在另外一个信念 P，它还必须：①是我的信念；②我必须知道它是真的；③我必须知道它辩护 Q；而且，我还必须实际地拿它为 Q 做了辩护。这显然是循环的和退移的。中止退移必须加上对直觉的或非推论的知识——自明的必然真理或基本的或然陈述——的说明。

问题是，这种被用来中止辩护的循环与退移的"直觉知识"因何就是无须辩护的？这个得不到别的证明的"第一的""直觉知识"恰恰就是一个"更基本的信念"。因此，辩护的过程只是使得认识者终于辨明了在他所关注的域中隐没的"基本信念"。辩护的作用乃在于使一定范式中所有的信念保持与基本信念的一致。这样一来，融贯论似乎就成了当然的结论了。在辩护的框架下，我们所能得到的真理就是在一定的范式中与基本信念相一致的理论体系。

192

第三编 03
| 信念与行动 |

　　信念不仅内在地建构了"我的世界"，还预设了如何行动的指导原则。这个世界是怎样的？我的意愿和目标是什么？如何满足我的意愿、实现我的目标？行动的启动、持续、调整、终止受到信念的指导和调节。行动结果不仅是对行动评价的依据，它还是对前期认识成果的检验，是进一步深化认识的根据。信念在这里不仅作为行动的指导原则，它还在与行动的交互中推进了认识活动。

第七章

信念与行动概念

由于相信是对事物确定的肯定态度，信念是受到这种态度确认的命题。这些命题与行动有关，但是并不直接导致行动。因此，讨论信念与行动的关系还要涉及更宽一些的领域。关于行动有"为什么行动?""是否行动?"和"如何行动?"的问题。其中第一个问题涉及行动的原因，第二个问题涉及评估行动达成目标的可能性的评估并决定采取行动还是放弃行动，第三个问题则涉及行动所依据的原则，对这个问题的回答主要依照信念来完成。至于第一个问题，公认的答案是"为了满足一定的需要"。当然，如果考虑更广泛的心理背景，"为什么行动"的问题实际上也是与信念有关的。

第一节　行动、意向性、真实感与一致性

我们心中有需要，为满足需要我们的意向性指向某些外在的目标所在的方向，意向性与具体目标的结合产生愿望，为实现这愿望而采取行动。行动如何实施且如何保证这行动能够满足愿望? 如何评价行动的结果? 这又要求既有的指导原则和判断标准，即那些为我们接受为确定真实的东西——我们的信念。

需要是由于身体缺乏某些生理或心理因素而产生的内在的和与环境

之间的不平衡状态，表现为对生存与发展的必要条件的需求。被意识到的需要就成为行为的动机，即推动人行动的内在力量。需要的满足指向一定目标，这种心理倾向的指向性就是意向性，意向性与具体的目标结合才产生明确的愿望。实际上，作为行动的驱动力除了内在的动机之外，还有外在的诱因。愿望本身是内在的，但它既可以源于内在的动机，也可以源于外在的诱因。与愿望并列可以形成行动的推动力的还有兴趣和理想等，这其中又部分地牵涉到信念。在这里值得特别讨论的是行动、意向性、真实感与一致性。

一、行动

行动与行为不同。行为是一个非常宽泛的概念，它指人的举动、身体的动作，也可以指动物的举动、习性。比如，我们可以说，"不守纪律的行为""幼儿的觅食行为""酒醉以后的行为""精神病发作时的行为"；也可以说"动物逃避大敌的行为""鸟类的求偶行为"。甚至对于非生命体的活动我们也称之为行为。比如，"机器人的破坏行为""电脑的自检行为""染色体的遗传行为"等。

早在 1932 年 E·C·托尔曼（E. C. Tolman，1886—1959）就主张将人的行为与动物的行为区别开来。他将行为分为：克分子行为（molar concept behavior）和分子行为（molecular concept behavior）。前者是指一种混乱的、没有明确目的的个体水平的行为，如老鼠闯入迷宫到处乱撞的举动；后者是指一种有序的、有明确目的的整体情境中的行为，如骑车人在拐弯时举手示意。

D·戴维森认为，行动之不同于行为就在于它是有理由的。C·G·亨普尔则认为，行为包括那种"刺激—反应"的生物学模式在内，而行动则指理性的人具有某种动机和理由的活动。A·沙弗尔认为，行动是人类有意做出的那种举动，植物和无生命的事物只是承受行动。动物的活动被称作行为，而不是行动。人类可以有目的地做某事，并使一些事情发生；可以有意识地控制自己的举动。因而，行动体现了人的主动性。挥手示意是行动，但癫痫病发作的抽搐就不是行动，因为后者不是出于主动的目的性。V·赖特主张，将意向性、规范性和责任感作为判据从各种行为中区分出人所特有的行为——"行动"。

我们关注的是人类受其信念指导、主动地满足其愿望的、有目的、有计划的行动。

二、意向性

在心理学中，意向（intention）是指人模糊地意识到需要的心理状态。当人的需要以模糊的形式反映在意识之中时，所产生的不明确的需求意念就是意向。例如，婴幼儿由于饥饿而产生的一种不安的求食感，但还不明确需要什么东西来满足需要，就是求食意向。意向是意志的萌芽。人在幼小时期的意志只达到意向水平。这时儿童在生活上的需要是强烈的，但意识水平还低，对生活需要的对象往往意识不清，因而只能产生一种模糊的需求意向。成人对正在萌芽的需要，也是先产生意向，随着需要的不断增强，进一步意识到了需要的对象，这时意向就会向高一级水平发展，变成愿望。意向是行为动机的初级形式，是在尚未清楚意识到需要对象之前带情感性的需求动力。意向推动意识进一步明确需要的对象，并产生相应的愿望。

意向之重要就在于它是"需要"朝向外在对象以寻求满足的倾向。往后进入"愿望"阶段、行动规划预测评估和决策阶段，在行动之中保持了所有进程的基本倾向性和相对稳定的指向性。信念的介入以及评价和决策环节，这种倾向性会起到导向作用。有些研究者把信念理解为"做某事的倾向"，其实混淆了造成倾向性的意向与信念在行动中所扮演的角色。信念为行动提供内在的可靠依据，信念并不直接支配具体的行动。行动的启动、终止、规划、执行、目标设定、动作控制，均由行动规划、预测、评估系统来完成。

行动的意向性表明行动有一定的基于需求并寻求满足的目标指向性。意向性与具体目标的结合产生愿望。实现愿望需要评估环境条件，如果不具备基本条件或者存在巨大的危险或隐患，旨在实现愿望的行动可能被放弃。只有行动达成目标的可能性存在、风险和隐患在可承受的限度以内时，采取行动才是合理的决定。这也是在定义行动时何以强调是人类受其信念指导、主动地满足其愿望的、有目的、有计划的行为的原因。

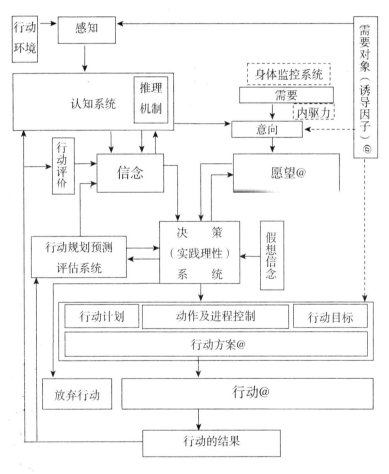

图 7-1 诱因、影响因子及信念、愿望、行动

从图 7-1 和图 7-2 的对比中可以看出：基于 DBI（愿望、信念和

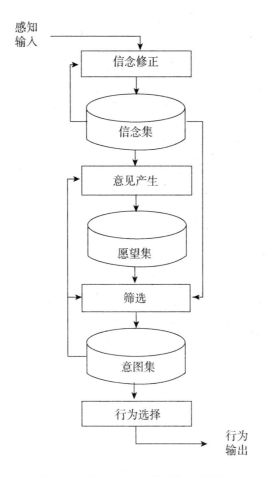

图 7 – 2 BDI AGENT 模型的一般结构

意向）的智能体模型对意向做了不同的理解——意向被当作指向满足
愿望的外在对象的倾向，并且被译作"意图"（也有些模型的作者保留
了"意向"），这里的意图并非心理学上的意向，而是由环境中可以满
足愿望的目标与愿望结合以后的"图谋"。它相当于图 7 – 1 中在决策
系统和行动规划预测评估系统之后的行动计划、行动目标和动作控制
环节。

三、真实感

真实的行动中信念与行动的内在联系是简单的。作为行动的根据，我们拥有的信念是我们认为真实可靠的知识、方法、标准及原则等，而我们的行动就是要基于我们的愿望、信念，基于使外部对象能够满足我们的愿望的有组织、有计划、有目标的行动规划达成其目标。信念是真实的，行动也是真实的。舞台艺术对演员的训练要求生活中真实的人物的真实性格能够被完美再现。这需要从表演艺术角度反向思考从信念到行动的真实感的传递关系，让演员在仔细了解角色信念的基础上，更加"真实"地复现人物的舞台形象。生活中的真实感如何在舞台上成功复现并真正令观众为之感动呢？在表演艺术中、观众眼前或摄影机前表演的一切都是剧中虚构的情节。演员们是在照剧本的设计"假扮"人物和情节。舞台表演能不能给观众以"真实感"，与演员能不能合适地建构人物的信念并试着"穿着"这种信念进入人物个性、当下情景、时代背景、民族与文化特性和表演状态有关系。通过特殊训练可以让演员掌握人物的"信念"并让信念"附身"，进而在表演中获得对剧中的环境、人物、情理关系的整体把握，使情感表达真挚、贴切，现场表演适当、细节精准。这在表演艺术基础训练中属于涉及表演"真实感"的重要训练和评估环节。"演好"角色、需要"理解"角色、"进入"角色、"成为"角色。对于十分敬业的表演者来说，"入戏"不易，从角色扮演完全回到真实的日常生活也不易，有时候"出戏"更难。原因就在于真实生活中自己的信念集合与角色需要的信念集合有着整体性的、巨大的差别。再"适合"表演某一角色的演员，都存在这种差别，减小差别的程度与演员"成为"角色的努力程度成正比。

让演员表演这样的情节：作为战地卫生员，从前沿阵地救护重伤员，紧急为伤员包扎伤口。抢救中发现重伤的战士是你的中学同学——这些都是剧本中的虚构。演员要在安静的排练室，而非炮火连天的战场；背下来的也不是受重伤的战士，而是身体健壮、衣着整洁的同事。一切都是"虚构的"，但要演成"真实的"。在虚构的条件下达到表演的真实，需要演员具备这样的信念"附身"的能力，"相信"舞台上虚构的事实，相信眼前是硝烟弥漫的阵地，敌人的炮弹在身旁爆炸，机枪子弹从耳边掠过，相信眼前的另一演员由于流血过多生命十分危险……从而能够像对待生活中真实发生的事情一样做出行动，在内心建构人物的真实信念集合，在情节中进入角色真实情感、人物关系和因果链条，在舞台上复现情节中的行动，那些因偶然因素引发的即席发挥纤毫毕现、细致入微，这样才有了扮演角色的"真实感"。

　　表演艺术中的信念感与表演效果上的真实感就是这样关联的。有的演员信念感强，有的弱。信念感强的演员容易相信舞台上发生的一切，很快进入规定情境；信念感弱的演员则难于进入规定情境，容易处于生硬的作戏状态。"笑场"就是信念感弱的常见表现。儿童玩角色扮演游戏的入戏程度有时候令人惊异。他们的令人惊奇之处，就在于小孩玩"过家家"游戏，扮演大夫、扮演妈妈时信念感很强，让信念附身，并让所扮演的角色的那些信念支配自己的言谈和举止。

　　表演的情境中，信念和行动的关系是倒置的。表演的真实感不足，说明行动后面起支配作用的信念是错位的。表演的不真实是因为演员所把握的"角色所持有的信念"不真实、不确切。表演的例子佐证了信念与行动之间正向相关的决定关系。但演员的表演失败，后果不过是喝倒彩之类的一时不快。在间谍的例子里，如果行动上的表现与他在潜伏状态扮演的角色不相符，出现的"真实感"差错，后果可能就是灾难性的。因为间谍所做的，不是要在观众面前表演一个与自己不一样的角色，而是要让周围所有人认为他就是所伪装的那个人自己，他要在众目睽睽之下"过另一个人的生活"。

四、一致性

行动是有理性的人基于一定动机和理由的、有明确目的、主动的活动。行动遵循一定的规则,对后果承担社会责任。行动如何呈现一定的目的性、行动的理由是什么、如何去行动才能达到目的、达到某种目的的行动如何与道德保持协调等问题,就需要运用信念来参与判断,制定具体的行动步骤。由于信念作为我们内在地确定的前提,是认知者和行动者进行任何判断的基础,所以在这种意义上说,信念是行动的指导原则。愿望、信念与行动的关系如图7-1所示。从图中我们能够看到,推理机制与现有信念之间是互动的。由现有信念经过推理能够产生更多的派生信念。决策机制将愿望与信念提供的关于行动方式、步骤、原则及目标等综合以后提供给行动控制系统付诸实施。从假想信念或愿望输入决策系统,到行动预测解释系统的输出结果,显示了我们预测他人的行动,通过设身处地构想或模拟的方式。在行动的实施过程中新的感知过程以及愿望产生机制,将作为新的输入对行动决策系统以及行动本身进行调整。

满足愿望需要采取一定的行动,有必要尝试行动的地方我们就需要信念。行动所要求的并不是所谓"整体真理",尽管它确实要求所凭依的根据的适用范围尽可能地宽。那些关心整体真理并注重严格程序的人觉得有必要采取极为小心谨慎的态度,凡是经不起严格检验的,就不承认它为真。从理论上讲,我们可以就真理、真理标准、检验程序等持有诸如此类的信念。但涉及行动时,行动所处的背景是复杂多样的,也是非理想化的,现实的情景以及我们对可以调用的资源的认知就是直接的限制,任何超出具体情境约束的设想都于事无补。行动者不得不即时采取行动。那些所谓的"严格程序"可能忽略"真理"中的某些至关重要的因素,比如,真理对于指导行动的有效性。接受比较不完整的肯定性,也许就避免了失去与实在接触的机会。当生命危在旦夕时,哪一种医疗措施比较"危险"：一种步骤是只接受严格试验过的、符合严格的"真理"标准的方案；另一种是考虑每一种有成功可能性的可取方案，纵使这些方案也许只是假设。这在实际的生活情景中是不言而喻的。当有人生命垂危，而我们就是仅有的一线希望，唯一正确的选择就是尽我们所能，立即采取我们所知道的和认为可能有效的任何措施，以期产生积极的效果。那些我们确信有效的自不必说，即使那些置信度不太高的办法，那些仅仅只是根据既有信念作出的推想和假设，即使从来没有试过，当时当景也是可行的。

从与行动相关的角度看，信念是必须行动的人非此莫属的选择。舞台表演的真实感与表演者的信念感强弱关系紧密。在这种意义上讲，深刻理解角色的真实信念并让这套角色所拥有的信念在表演时完全"附体"是在舞台上刻画角色性格细致入微、惟妙惟肖的关键方法。从艺术表演角度看信念与行动之间的关系，可以看到在简单的情况下，真实信念与本意行动之间的一致性。除了体现行动者本人意志、偏好与自由选择的"本意行动"，尚有被他人施加压力在强力胁迫下的"胁迫行动"、为讨好他人违背本意的"迎合行动"、不再关注范围又需要加以回应的"搪塞行动"、隐藏真实意图以避免被伤害的"掩饰行动"，以及刻意伪装以欺骗敌方并伺机偷窃、危害、毁伤、破坏的"潜击行动"。在每一种类型的行动中，都有其内在的合理性和一致性。

在不同处境中，为寻求需求的可获得满足，不同的人格会有不同的行动选择偏向，这种稳定的偏向就通过行动模式构成了人格特征的行为主义描述的基础。刻画这种体现在行动中的人格特征的，既有需要的强度和稳定程度、不同信念的重要性层级与优先级，也有个体的意志品质和气质类型。准确模仿人类的"智能行动"需要对"信念—行动"的动力学模式，不同类型的人格特征和行动评估、决策特征做深入的研究、刻画和细致入微的模仿，否则，"人工智能"的"人工"特征突出，"智能"却显得迟滞、呆板，"灵气"明显不足，不能给人真正

"类人"的印象。

表 7 - 1　行动类别对照表

类型	意志	自由选择	信念	外因		描述
本意行动	自主	自由，真实选择	依本意，内在一致性	@	简单面对	不受外扰
搪塞行动	自主	自由，少许顾虑	可搪塞，求最少受扰	①	尽量忽略	受轻微外扰，意在忽略
迎合行动	自主	自由，博得好感	能讨好，取得好印象	②	主动重视	受到较多外扰，刻意示好
掩饰行动	自主	自由，逃避伤害	须藏真，避免受损失	③	主动回避	受较多外扰，掩饰避敌
表演行动	自主	自由，复现角色	具身化，角色再呈现	④	主动争取	受强烈诱导，欲感动观众
受胁行动	他人	受胁，最小伤害	做妥协，伤害最小化	⑤	被动屈从	被胁迫，被动屈服顺从
潜击行动	自主	自由，最大毁伤	高伪装，毁伤最大化	⑥	主动攻击	受强烈牵引，深潜强击
职守行动	自主	自由，忠于职责	依分工，突出专业化	⑦	职业忠诚	以职责为重，尽忠职守
虔信行动	自主	自由，笃信践行	全智能，虔信中修行	⑧	全能神祇	信仰规范所有愿望与行动

第二节　信念与行动的关系用于描述和预测

判断他人信念的线索是间接的，他人的行动以及行动结果为我们了解他人信念提供线索。从某种意义上说，这种推想他人信念的方法是首先根据我们自己的情况，预设他人也有类似的"信念—行动"关系以及类似的相关信念，然后从不同的行动表现及其后果推测他有哪些信念。在表演的场景中，根据对角色信念的了解，可以反向推断他会有怎样的行动。在信念"附身"的状态下进行的表演不仅真实、合乎情理，更能细致入微、贴切生动，因为那些刻画角色内心活动的生动细节在信念"附身"情况下会"自然流露"为演员在舞台上的表演行动。

一、信念与本意行动

说行动体现信念，也可以说行动被间接地归因为信念。由于信念与行动的关系不是一一对应地直接决定的关系，行动者的愿望以及他的性格（决定他通常在某种特定情景如何决策的个人风格）都会影响到行动。因此，通过外现的行动正确断定他人信念的前提是：①了解行动者的相关愿望；②了解行动者的决策个性；③从愿望、决策到行动的全部过程没有伪装。

行动是为了满足一定的愿望、按照一定的预定步骤和遵守一定的公共规范主动做出的举动。预先策划行动的步骤的过程需要启用大量的已有信念，包括对于其他人的信念、关于环境和自然条件的信念、关于行动所涉及的社会关系的信念、按照一定的步骤行事的必要性的信念等。涉及行动应当如何遵守公共规范的问题，则直接需要行动者的有关道德信念参与其中。

一个幼年不幸截瘫的人，一直坚持学习，刻苦磨炼自己，不仅克服了残疾造成的生活上的不便，还能够力所能及地做些修理电器和替人诊病扎针之类的工作。生活乐观向上，充满创意。通过他一贯的行动，我们能够推断他的信念。我们因此而说，他相信"生活是值得珍惜的"，他相信"生活中有创造就会充满乐趣"。如此等等。当然，通常我们做这样的断言时，会思忖这种断言是否是行为者本人的意思。换言之，在就别人的信念做断言时，体会一下行为者本人是否会赞成。在对他人的这种说明中，"他的信念"在很大程度上是我们的假设。但通过这种假设在预测中的有效性，我们可以当然地把"某人相信某事"作为我们自己的一个信念。

关于他人的行动体现有关的信念的上述讨论会遇到这样的诘难：既然信念与行动不是一一对应和严格决定的关系，从行动反推到特殊的信念如何可能？而且只要观察者从不同的角度来总结行动者的信念，这个问题总会有不同的答案。在这里有一个关键性的因素就是对于行动的界定问题。行动如果不被理解成单纯的身体动作，而是可感知到的所有表现，问题就要简单一些。比如，行动者对自身信念的直接表述，与信念直接或间接有关的言谈、论述或作品，反应行动者真实意图的举动、大量的日常表现，等等。通过这样内容丰富的行动从不同侧面把握他人持有何种信念也不是不可能的。比如，在相知甚深的朋友之间，我们可以坦率地谈论相信什么不相信什么，即使我们并不直接赞成他所述说的关于他自己的信念，只要将他的一贯作为与之对照也不难发现他是否确实持有某些信念。

二、不相信就不采取行动

除此之外，通过行动者不采取的行动，也可以推测他人的信念。因为通常我们有某信念，就不会做违背信念的相反尝试。如果一个士兵相信"两个炸弹落在同一个地方的可能性较之落在不同地方的可能性要小得多"，他会迅速隐蔽到一个弹坑中去，不会见了弹坑就躲。相反地，一个老百姓如果相信"那炸弹落过的地方不吉利"，他就会在遭到轰炸时找没炸过的掩体或洞穴，决不会往弹坑里跳。类似地，如果一个人能够像叔本华那样在著述完成以后带上两个妓女漫游欧洲，就不会有人认为"禁欲"是他的生活方式、"涅槃"是他的人生追求。

在所有通过行动体现信念的例子中，最聪明的是康德所举的关于打赌的例子。一个人相信某信念有着不同的确信度。如果他肯花大赌注为某信念打赌，说明他的置信度很高。相反，如果他高声叫喊只是想让别人觉得他如此确信，自己并不真的置信，他就不会下大赌注打赌。这只是一种比喻的说法。我们的信念与我们为之付出的努力有关，我们为之付出的努力越是不屈不挠、艰苦卓绝，我们对信念的确信越是诚挚深笃、坚定不移。如果说一时一事看不出一个人的信念，从长期坚持的作为里却不难找到他的信念。

这里有一个极端的例外：敌方潜伏的间谍的行动。即使间谍是长期的行动，也不能直接给我们提供关于他的真实信念的线索，直到他作为谍报人员的、关键的、隐秘的行动被全部揭示出来，否则，从其行动来判定他的真实信念的做法就难于做到准确无误。这里实际上涉及另一个重要的问题，即相互矛盾的行为的信念根源，信念和行为的层级问题。

三、行动与信念的坚定程度

信念的力量还与一个人对未来的期望以及投入与信念相关行为的努力的大小有关。华尔特·克拉克关于信念的四种层次表明，行动的力度是随着信念确定性的增长而增强的：

①"刺激—反应"的言语表现——鹦鹉学舌般地重复信念的词句；

②智力理解——对信念的逻辑审视和理解；

③行为表现——来自确信或习惯性接受的实际行动；

④理解性的整合——宗教中，在圣者身上所发现的"尽善尽美"和"大慈大悲"的境界。

在这一系列中，与条件反射性质的行动相关的是简单的中间神经联系，如果得不到经常的刺激，这种联系就会消退。中间的各等级强度逐渐增大，在理解性的整合中，个人的行动完全是基于至高无上的信仰的。在坚如磐石的信念之下，行动是不会轻易改变的。因此，反过来看那些坚定不移的、大义凛然的行动反映了一种牢不可破的信念。

从社会的角度看，如果一个社会没有为公众所共同持有的坚定信念，那些必须要社会公众一致努力开创和维持的良好局面就不会形成。一个相信金钱万能的社会就难于形成淡泊财货、无偿助人的良好风尚。

一个自身腐败的官僚以空洞的说教号召公众克己利他，不仅不足以坚定人们助益他人的信念，还会引起人们的厌恶。因为一个空洞的说教里面没有真实的信念。用它来激发他人的信念是对自身的嘲讽。

在战争中人们容易表现团结和合作，表现出民族感和英雄主义，因为在特殊的民族对立中，人们的民族信念从内心深处被激活并成为集体的共识。大无畏的勇敢牺牲体现的正是这种信念。面对酷刑坚贞不屈的顽强意志力体现的也是这种坚定信念。

第三节　信念指导愿望在行动中得到满足

设想我们有一个信念并同时设想它与任何行动都没有关系，结果是找不到一种这样的信念，它与任何行动都是无关的。比如，如果假设我相信"厄尔尼诺现象今年将造成全球性的灾害气候"，同时又假设我不会有任何行动与此信念有关。但很快我就发现，我实际上会将开年以来的骤冷骤热天气归因为"厄尔尼诺现象"，想到如果上年纪的人出门应该为天气的不规则变化做准备，实际上我还会提醒准备投资农业和养殖业的商界朋友多注意有关"厄尔尼诺现象"的专家言论和研究报告，避免可能的重大损失，以及我可能会减少乘船或坐飞机旅行。如此等等。只要出现相关的情景，我的信念就会在其中左右我的行动。又比如，假设我相信一件远离现实的事情："外星人由于有着更高的智能和更高超的技术，已经用一种我们毫无觉察的方式侵入了我们的生活。"既然我们毫无觉察，自然也就不必与日常生活有什么瓜葛，但是，它依然与我的行动有关。我会将一些古怪的梦归因于神秘的"外星人"；拒绝在神殿中祈祷，因为所有高超的能力不属于神，只属于冥冥之中的"外星人"；会在买体恤衫时挑有外星人图案的；会在绘图时描画"外星人"的样子……总之，只要情景合适，它还是会悄悄地左右我的行动。如果考虑行动实际上不只是外在的经躯体表现出来的行动，还有言谈甚至思考，信念之作为行动的指导原则就不难想象。当然，这里我们把讨论集中在外在的行动上。

信念作为行动指导原则表现在从事先设计到事后评价的行动全过程。

有一个愿望是能满足的还是不能满足的，因此是打消念头还是设法满足这个愿望只有根据现有信念才能确定。孩子要天上的星星，妈妈怎么办？就妈妈的愿望而言，如果伸手就摘得到星星，她当然会摘来给孩子。一个不愿意孩子失望的妈妈为满足自己"尽量不让孩子失望"的愿望，也许会编一连串的故事婉转地告诉孩子：那星星摘下来如何如何不好玩或者让他明白星星没有办法摘得到。这些哄孩子的故事其实并不是瞎编出来的，一个为孩子乐意接受并从中明白一些道理的故事既需要动用大人的各种已有信念，还要充分地与孩子的已有信念相一致。这里面对愿望首先要回答的问题就是采取行动满足愿望是否是可能的？然后才有关于无须采取某种行动和决定采取某种行动具体该怎么做的问题。如果一个愿望是系主任想为一个系里的所有教师每人配一台电脑。他就要从筹措经费开始，买什么配置的机器，要否配一些外设，能否同时上网，资料室能否同时搞一个数据库，学校局域网上哲学系的主页怎么管理，等等，一一计划。他的现有信念如果不足以应付全部筹划，他还得咨询一些专家，直接相信专家所言，以完成计划。

有了计划还须按计划实施。先到学校催上年度该下拨的重点学科建设专款，落实资金到位时间以后，安排具体人负责与计算机销售商联系、草拟协议、落实技术支持条款和售后服务范围、签正式合同，款到后提货，安装、调试……行动的实施过程中各个环节之间的联系、协调需要有广泛的背景信念。尤其是每一环节的行动目标，它是运用背景信念有效组织行动的关键，环节上的失误将导致整体上的失控。因此，在行动的过程中要由背景信念来引导行动达到目标。最后，系主任的总目标达到了，即每个教师都配备了一台电脑，还由系里统一给装有电话的教师免费上了网，每个老师都有一个自己的 E-mail 账号。回过头来，回顾一下整个工作，系主任有自己的评价，教师们有他们的评价。系主任在工作总结中肯定系里为每一位教师做了一件实事，为教学和科研创造了方便条件；整个工作的安排也很合理，价格优惠，供货及时，机器运行情况也还好……教师中大部分当然也是积极肯定"这是一件大好事"，提出相关意见即不足之处是没有组织电脑操作培训，希望集中培训一下；少数人抱怨机器配置偏低、售后服务不及时，而且半年保修时间太短，会有麻烦……不同意见纷纭杂呈，不一而足。对于同一行动以及行动的结果有不同的评价，原因就在于评价者各自凭依的是不同的基本信念和信念之网。如上级要求撰写总结报告所期待的，对行动的评价能够形成新的信念。

综上所述，信念指导行动表现为：行动前对满足愿望的可能行动的可行性的判断；行动的策划；启动实施；行动过程中引导行动达到目标以及事后对行动进行评价等。

本章小结

对于我们自身的信念，不必借助于外在的行动就能知道，而对于他人的信念我们并没有直接的线索。我们通常是通过他人的行动反推他所持有的信念或者用信念说明他的行动，并以对他人信念的认识，预测他在特定的情景下可能采取的行动。常识心理学之所以是有用的，就在于用这种所谓"常识心理学的"方式往往能够很准确地预测他人的行动。

在说明他人的行动时，我们首先只是假设有某种特定的行动与行动者有某些特殊的信念有关，即"有某愿望 D 的某人 S 相信信念 P"，根据 P 可以推导出"只要有行动 A，就可以满足愿望 D"。在这种对他人行动的说明中，"有某信念"的假设并不完全是基于他人的行动表现的。我们从自己身上发现的，在信念与行动之间的关联，是对他人行动做出说明的类比参照。换言之，我们之所以要将自身的行动与我们持有的信念联系起来，主要不是为了发现我们自身持有什么信念（如前所述，我们无须借助对自己行动表现的观察就可以知道自己持有何种信念），而是为了据此形成一个说明他人行动的信念解释模型。当这种解释模型根据实际预测结果，经过足够的修正之后，关于他人持有何种信念以及不同信念之间的各种关系的内容会非常详尽，以致于在相当范围内据之进行的行动预测完全是正确的。当关于他人"有某信念"的假设得到一再的预测结果的证实以后，它就成为我们关于某人的新的信念，即我相信"S 持有信念 P"。当然，实际预测他人的行动显然需要一定的背景信念（如理论、原理、解释原则等）。

在谈到行动预测时，两种基本的模式是比较重要的。其一是根据一定的理论以及被预测对象的主要相关属性，输入特定条件下的参数，演算出刻画行动特征的结果。比如，航空工程师要预测新飞机在正常气候条件下、某一速度的飞行情况（当然这属于"行为"范畴）。他可以坐下来，拿出笔和纸、空气动力学之类的教科书、新飞机的技术资料等，做一番计算，由此来预测飞机的实际飞行行为。其二是制作一个缩小的模型，把它的主要参数调校到目标值，然后将它置于风道中。直接观察这种模拟的飞行，以预测它的飞行行为。在前一种方式中，理论占有重要的位置；在后一种方式下，模型和模拟占主要位置。

根据理论进行的预测中，多个因素会影响预测结果。理论的完善程度、关于飞机的技术资料的精确程度，以及对于相关的预测来说这些资料是否全面、输入的参数是否代表将要预测的条件，等等。在模拟的方式下，模型特性与实际对象的特性的吻合程度、人工模拟条件与实际行为条件的相似程度等也会影响预测的准确性。

预测他人行动的情况与此类似。按照第一种方式，我们可以设想，那些教科书里面的理论、技术资料中的主要性能指标及目标飞行条件都在"我"脑中，"我"只在心里查阅和计算。与预测飞机的飞行行为不同，我们要预测的是人的行动，这里的理论是一定的心理学、认知科学或常识心理学的理论；这里的技术参数就是我们对他人通过实际交往所获得的了解。在后一种情况下，"我"自己就是一个"他人的模型"。"我"可以让自己的一套精神机制暂时从"在线"（on-line）状态脱离出来，以"离线或脱机"（off-line）方式工作，在"我"的决策系统中输入他人的假托信念或愿望，得出对他人行动的解释或预测（参图7-1）。显然，"我"能够在多大程度上调整自己的"脱机状态"使之接近于被预测者的实际状态，是预测准确性的关键，而充分接近他人的实际内心状态也许比这种理论本身的难度还要大得多。这几乎是在讨论我们对于他人的内心有怎样的悟性的问题。另外，这种心理模拟实验的条件参数的确定也影响到结果。

截至目前，没有一种自称为严格的认知科学的理论其预测能力超过了我们实际运用的"常识心理学"方法。这一事实也许说明，行动与信念之间的关系以描述线性的简单关系的通常理论难以得到令人满意的解释，而常识心理学的方法中有些重要的因素可能尚待阐明。

第八章

信念的层级及其与行动的关系

信念构成一个复杂的系统，其中，不同的信念处于不同的层次和级别。受到信念指导的行动也有不同的层级。因此，信念对行动的指导并非线性的简单关系，而是呈现系统的整体和复杂的关系。

第一节　信念的重要性层级

在重要性的尺度上，不同的信念的层级不仅是其在信念系统中的位置，也是它对行动的指导作用的重要性的等级。

一、确定程度层级

信念在确定程度上不同的。对于一种观点从坚定的相信到怀疑，有四种确定程度不同的等级：确信、置信、半信半疑、怀疑，与此相应地自然就有了四中不同置信度的信念。

1. 确信

这是坚定不移和毫无疑虑的相信，如此坚决是因为其根据不仅是主观的，它更受到客观根据的强力支持。用康德关于打赌的方式描述，确信就是愿意花大代价打赌的完全相信。所以，与确信对应的是坚定不移的信念。确信赋予信念以特别的力度。确信所具有的力度既可以是逻辑上的，也可以是经验上的，也可能兼而有之。比如，基于休谟问题，对于逻辑经验主义"得到证实的关于自然界的全称命题"就不能确信。波普的批判理性主义由于抓住了"证实原则"的这一弱点，提出了"证伪原则"。"被证伪的命题"即一个命题的逆命题却是确定无疑的。经过证伪，对于一个命题的逆命题就可以确信。物理学家会确信，在重力加速度大于 0 的参照系内，失去支撑的质量大于 0 的物体会沿重力加速度的方向运动。

2. 置信

关于置信已经在前面章节中做了讨论。这里在确定性程度上所做的区别只是要表明，有特别强的相信即确信，也有含有相信成分的半信半疑，还有怀疑。与置信对应的当然就是普通的信念。我们通常所相信的那些不需要特别强调的命题或假说在得到外在事实的支持之前，同时又没有与之相反的外在根据时，我们的相信都属于这一类型。

3. 半信半疑

从相对的确定性这一角度看，与半信半疑相对应的是"尚未完全确定的"信念。通常，存在相反的观点而我们又不能从中做出判定时，对于这些可能被接受的观点就是半信半疑的。这种情况下半信半疑的根据并非完全主观的。时常既有支持相信的客观根据，也存在相反的客观根据。

4. 怀疑

怀疑是一种不确定的否定状况，是由一个信念与矛盾事实或者与别的信念发生冲突，即信念的一致性遇到问题时产生的不确定的否定态度。这里当然不是说怀疑是信念的一种，而是说怀疑对应着某种信念。与怀疑对应的信念当然就是"确定性已经遭遇动摇的"信念。

二、重要程度层级

心理学家弥尔顿·罗基奇（Milton Rokeach）研究了他根据信念对

人格中心性作用而找到的一些重要信念。他把自己的这些成果总结成"信念中心性的连续系列图"。所谓"信念中心性"是指，一种信念在精神生活中相对于"核心"和"外周"的地位以及相应的重要性。一种信念跃居于核心地位，要改变它就越困难。根深蒂固的原初信念是很难改变的，但是这些信念的改变会大大地影响其他非中心的信念。然而，改变更多的外周信念如权威选择，不会触及信念的中心。以下就是他的"信念中心性的连续系列图"：

内在的人→交感的核心信念→非交感的原始信念→权威信念→派生信念→外在的人

在某种意义上，他是要就主观内在的人通过不同的层次的信念与结合到环境中的人作连续性的描述。

1. 交感性的核心信念

"交感"在这里是指与他人的交流和相互作用。核心信念是从个人的经验中习得的，并且由于他人具有同样的信念而得到强化。这种理所当然的信念形成了一个人信念系统的最内在的核心。它是由一个人对自然，对自己以及对社会的关系的理解所组成。这一类信念是"我的世界"最基础和核心的部分。比如："这是我母亲""我叫爱丽丝""那是一只猫"，等等。这种信念实事上是难以摧毁的。

2. 非交感的原始信念

这种信念对于持有者来说同样强烈和坚定，但却得不到他人的支持。持有者认为他人并不处在"有共鸣"的位置上。由于某种原因，持有者有非常强的主观置信度。据此，他完全忽视他人的不同见解。这种信念的例子，包括以纯粹信仰为基础的信念——源于恐惧、妄想、幻觉以及各种各样源于经验的自我夸大和自我贬低的信念。比如，"人是不可信任的""那个家伙因为诋毁我，是不可饶恕""我这个人很差劲"，或者"魔鬼昨晚劝诱了我"，等等。称其为原始信念，一方面因为它源于纯主观的原因，另一方面因为它与人类深层情感和原始文化的渊源颇深。

3. 权威信念

在儿童成长过程中，懂得了他人可能不会与自己共享信念。为了在信念的决定上得到帮助，他们依赖权威。首先是父母，以后又接受和拒绝其他权威，如教师、团体、教会或国家。权威信念比原初信念更易变化，因为人们懂得另外有些深知内情的权威人士并不接受权威。属于这类信念的如："医生最懂行""圣经是上帝的话"，以及引用各种权威语录、名人名言，等等。

4. 派生信念

接受某种权威的人就具有相信权威的信念。若你了解某人的权威，你就知道很多他的其他信念。如果约翰是个南方浸礼会教徒，你就会料想到他会相信喝酒是罪行。如果苏珊是天主教徒，你会料想她反对离婚后再婚。相信艾伦是理想主义者，就会也相信他会看不惯现实中的许多事情。这些"第二手"信念来自权威（或对一个别的信念的逻辑推演），而不是个人的经验。它会随着人们对权威的重新估价或改变权威（或据以推演的信念）而变化。

5. 次要的信念

只牵涉到风格、爱好的信念，同人的其他信念并没有很深的关系。由于这种信念以个人经验为基础，人们可以像保持原初信念一样牢牢地保持它，但这种信念的变化对于信念系统很少有影响。比如，喜欢普契尼的歌剧作品胜过舒伯特的艺术歌曲；喜欢鳟鱼胜过鲑鱼；喜欢蓝色胜过黄色；好写散文和诗歌胜过写小说；等等。这些偏好确乎对于个人是真实的，但这类信念处在枝节和末梢位置，它们的改变对其他信念的影响极小。对个人信念系统和个性特质的影响也是局部和轻微的。

摧毁交感性的核心信念可能有损于一个人的健全的神志。心理疗法常常致力于改变有害于人的非交感性的原始信念。自我概念或世界观的改变往往影响权威信念。权威信念的改变又常常带来新的派生信念。

第二节 广泛程度层级

区分范围和领域的不同信念有利于我们厘清这些类别的信念在影响行动的方式和力度上的差别。

一、日常生活范围

由于日常生活的领域最为广泛，几乎所有可能的信念都包括在其中。正是由于这一点，使得日常生活中默认的各种信念与其他和心理有关的概念及经验规律一起被称作常识心理学（folk psychology），并为一部分崇尚规范的科学研究的心理学家、心智哲学家、认知科学家所拒斥。日常生活中的信念没有一个齐一的标准，人们可以因为任何原因持有某种信念。根据信念与怀疑的关系，日常生活信念可以分为：迷信、传统信念、习惯信念和常识。

（一）迷信

那些并没有关于它确实的根据，甚至持有者主观上并不寻求这种根据，仅仅因为持有者深信不疑，就无条件地忽视任何反对意见，只管一直主观地坚持的信念就是迷信。

迷信如果不是因为放弃批评与审视的态度，就是缺乏成熟的批判能力。

迷信的外在原因很多，但共同的特点就是，不问根据，只管相信，并依之行事。一个人可以相信"供奉财神，才能发财"，于是，你可以在他的生活中处处看到财神的影子，就连打火机也要买印有"财"字的。从心理学上分析，这也许有一种"良性暗示"的作用，但就迷信者而言，他之如此持有某种信念并非为了得到这种暗示。迷信并不只是封建时代的事，即使在科学已经成为普及的社会观念的地方也有迷信。许多年轻的司机都在驾驶室挂一个"护身符"，不是精制的伟人像就是桃木的小雕刻，很多人直言不讳地承认："这很吉祥，能够保佑我平安无事"。尽管这只是一点点的"迷信"，但其中确实有迷信。因为如果有人从驾驶室拿走了他的钱，他会自认倒霉，尽快忘掉。但如果是"护身符"弄没了，他会十分地在意，并要尽快地再找到一个。

与在其他的场合信念对行动的影响一样，迷信信念阻止人做相反的尝试。一个人迷信"小河中淹死了人的那地方不吉利"，他就会避开那地方游泳；迷信"三月初三不宜动土"的人，他不会选择这一天开工建房子。类似地，迷信某个人有超凡能力的人，断然不会在心里对那人敢有不恭。至于那些相信"某月某日某时辰，观音菩萨要在某处救度众生"并集体跳入池塘的案例，不用说是怎样触目惊心。迷信是没有根据且不问根据的。

（二）传统信念

与迷信类似的、十分有力的另一种信念，主要来源于对传统的承袭和认同。那些属于传统的信念尽管有些已经与现时代无关，甚至是相悖的，但由于社会的认同、由于教化的作用而成为我们行动的指导原则。尽管传统信念中有非理性的因素，但与迷信不同，对于传统信念并非不加审视。传统信念是有其根据的，我们也追究传统信念的根由，但即使我们对于某种传统信念有了异见，由于它是属于社会认可的，对社会的责任和义务使得我们在心理上虽存疑虑也仍然认可它，在行动上虽有犹豫依然坚持按它行事。这背后有一个更基本的信念，那就是因为它是传统，"我"需要表现对传统的尊重。很显然，这种态度只能是就大致情况而言的。20 世纪五六十年代，甚至到 80 年代仍有不少知识分子认可由家庭包办的婚姻。其中有不少属于被迫无奈，但也有一部分仍然出自对传统信念的认可。"大年三十守岁""正月十五闹元宵"并没有什么理性的根据，但它是传统，我们的信念中有它们的位置。

即使是在发达的大城市，甚至是在国外生活、工作的人，回乡举行婚礼还是会按照家乡的"老规矩"办。在一定的社区，人们按照当地传统的道德信念判断是非曲直，按照传统的美恶标准鉴赏艺术。其中，个人并不是完全被动的。个人信念中有许多是传统信念。当然传统信念是相对的，既有空间上的差异，也有时间上的迁延。比如，在韩国和日本，目前依然保持着不少在我国已经不再普遍体行的儒家传统。

（三）习惯信念

与日常生活中关系最密切、最普遍、我们每天的日常生活都据以行事的信念，包括与思想、言谈和行事方式有关的诸多信念往往最直接地与日常行动有关，以重复的行为模式表现出来。这就是习惯信念。习惯信念所体现的是最基本的实用性。尽管有些习惯信念被称作是"下意识的"，实际上只是因为它们没有经过怀疑和重新确定，大部分习惯信念是经过了实际经验的检验的。它们之被持有是由于我们认为它们是确实的、有效的。比如，相信"早睡早起身体好""晚餐吃得太饱有害""小孩子吃甜食多了会生蛀牙""煮牛奶有怪味儿是由于加了糖""出门要查看钥匙带好没有"，等等。它们多是有益于避免麻烦、提高效率的一些简单的规则或戒条。习惯信念能够很有效地使日常生活简单化，它们适用于所有类似的情景，因此，面对大致相似的境遇，按照习惯信念行事就可以了。

由于习惯信念适用于对眼前的情景作相似判断的场合，这对于需要不断把握新的动向的情况就不大适用。因此，在这种意义上，习惯与创新是相反的。

习惯信念是属于在主观上被确认为确实有效，并在行动中实际运用的个人信念。它是个人在经验中确立起来的信念。

（四）常识

日常生活中最普遍的个人信念如果同时得到了他人的赞同，就会成为共同的日常"知识",即"常识"。习惯信念中许多是大家都持有的,这种公共的日常信念往往被作为默认的前提用于交流和相处。比如,大家都认可"早睡早起身体好""出门要查看钥匙带好没有",它们就会成为常识。从某种意义上讲,日常生活中主体之间真正共同的就是这种常识。因为属于"客观"的东西尽管是公共的,但对客体的不同认识能够造成巨大的差别。但是,如果对同一事物,不同的人持有相同的信念,他们所共同的客体在各自的主观世界才有着相同的意味。因此可以说,常识在日常生活中是"主体间的"。我们依照由常识设定一个共同世界进行相互的交往并能够相互理解地相处。

常识的一个显著特点就是它以默认的方式隐没于日常生活之中。甚至在我们频繁地据之思考、交谈和做事的时候根本没有觉察到它的存在。

在"诸种信念理论"一章中,我们看到许多学者反对将"常识心理学"用于理论研究,反对将心智哲学和认知科学与常识心理学融合在一起的努力,有些学者甚至充满了严肃的忧患,但是实际上,学问真正的高超应该是能够包容常识、能够象常识一样平易亲切的。

二、科学研究领域

一定范式下为范式所接受的所有命题都属于科学信念。在范式下从事研究的科学家持有这些信念,就是他的科学信念,在这些信念为范式所共同所有,得到范式的辩护的意义上,它们就是知识。只能称作信念而不能称作知识的是范式中的基本信念。基本信念的不同决定了范式的不同。

科学信念可以大致区分为背景信念和范式,默认信念是指一定学科领域之外,与该领域相关的、默认为当然正确的信念。它并不以明确的方式在学科中表述出来。范式则是指一定学科领域以内的,得到学科内部明确表述的信念集合。它包括学科中的预设(包括公设、公理、定义、原理等）、定理与定律、理论、原理以及理论评价标准。

（一）默认信念

因为科学是就一定的"域"进行的专门探究，它并不探究域以外那些更基本的问题，而是直接将"域"内的研究建立在已有默认信念之上。所以科学总是基于"域"以外一定的更一般的信念的。这些域以外的信念包括：科学家或共同体的世界观、方法论，关于确实性的界定，真理标准甚至关于一定的意识形态的信念，等等。

诸如世界观之类的问题，并不是每一门学科都研究的，但学科中的问题会有一些与世界观是有联系的，凡是需要这些方面的根据的地方，它们就会不知不觉中被运用。比如，自然科学家中绝大部分（不包括对互补原理有较深刻思考，并充分意识到观察与对象的相互作用的一部分科学家）是像爱因斯坦那样持实在论观点的。这种实在论观点并不是基于实验的可靠结论或必然的推理的，相反，它是由科学家在得到充分证明之前就已经持有的基本信念。而这种基本信念并不在他所从事的学科的说明范围之内。

在哲学中人人都知道休谟问题，没有人能够真正反驳休谟的观点。但在经验科学中，归纳方法就是被确立的公认的科学方法。所有的经验科学都采用归纳推理作为当然的科学逻辑，却并不对归纳法提出疑问。

在经验科学中，逻辑经验主义的证实原则就是达到确定性的原则。一种理论是真的，当且仅当它的合逻辑的结论可以为实验所证实。相应地，经验科学的真理标准就又是符合论的。这些默认信念直接进入科学理论之中，不会受到排斥。当然，有些科学已经开始将这些默认的信念"内在化"到理论之中，使之成为其中的一部分，得到科学理论的说明，并且主张这是科学进步的一种标志。即使这样，默认信念中有些仍然是难于全部纳入科学的，而且，如前面所说，科学是被置于一个更广阔的背景中的，它作为对特定"域"的探究少不了会在一些更基本的问题上与这一背景有关。这些难于被纳入科学理论范围的信念包括：源于生活背景、约束共同体内部成员之间关系的一些行为规范；科学家应有的人格和修养；科学家的社会责任感；等等。毫无疑问，这些默认的信念随时都有可能被当然地用作科学论断或理论的前提。

简言之，科学的默认信念并不直接受到学科的描述，但这些隐没的信念是渗透在科学范式之中的。

如果如库恩所说，科学家的世界是由范式所约定的世界（而非客观的外在世界），其内容是由科学家们的共同信念所约定的，从而"范式改变了，科学家们所约定的世界也跟着变了"。这至多也只是就范式以内来说的，即令范式以内的信念全都"格式塔"式地改变了，不同范式之间那些默认的共同信念并非也一起都改变了。于是，新、旧范式之间并非一定由于割断了任何联系而成为"不可通约的"。除了由这些默认的信念直接联系不同的范式之外，还可以基于这些默认信念中的某些相关信念建构新的内涵更广阔的新范式，不同的范式在新的范式下相互有机地联系起来。因此，默认信念可以在范式转换之中构成不同范式之间的联系。在某种意义上说，库恩之所以坚持"范式不可通约"，其中的原因之一就是他忽视了科学范式之间这种共同的默认信念。

（二）科学范式

1. 预设

被一个学科预先肯定为真的命题或原理称作预设，它是进一步研究的当然前提，是学科的基本信念。预设在诸如几何学之类的学科中就是它的"公设""定义"和"公理"。它们是被预先设定为真的，是进行整个几何学的逻辑展开的当然前提。预设之为真是预先约定的，而由预设推演的结论是合逻辑的。因此，只要接受学科的预设，就能够当然地接受整个学科是确实的。

经验科学中的预设有些属于纳入学科内的默认信念，比如：自然齐一律、因果律、归纳法、证实原则等。这些预设普遍地用于设计研究计划、着手实验操作、结果分析、理论概括和理论的证明与检验。

科学哲学本身也使用预设进行研究。就逻辑经验主义而言，它预设了先天的（或经验）的逻辑的存在（始自罗素、维特跟斯坦）；预设了独立的原科学概念的存在；预设了原科学概念和科学方法的不变性；预设了观察（语言）和理论（语言）的严格界限［由于理论（语言）须经语义规则从观察（语言）获得意义，而观察语言的意义由经验证实赋予。］；预设了发现范围与证明（或辩护）范围的严格区分。

2. 定理与定律

定理（Theorem）是指通过一定论据证明得到的有普遍意义的正确结论，是经过受逻辑限制的证明为真的陈述。在数学中，一般只有重要或有特别意义的陈述才叫定理。猜想是相信为真但未被证明的数学陈述或命题，经过证明后便是定理。定理需要某些**逻辑框架**，继而形成一套公理（公理系统），容许从公理中引出新定理。在命题逻辑中，所有已证明的陈述都称为定理。

几何学中的"两三角形的两条边及其夹角相等则这两个三角形全等"，就是一个几何学定理。

科学定律（Scientific law 或 Laws of science）是一种理论模型，它用以描述特定情况、特定尺度下的现实世界，在其他尺度下可能会失效或者不准确。科学定律是基于大量具体的科学事实对自然运行原理进行研究得出的结论。比如："热力学第二定律""牛顿运动定律"，等等。

由于定理与定律在逻辑上的前提已经在预设里得到了确定，所以，它们也成为被科学共同体所接受的科学信念。

3. 假说与理论

科学假说指根据已知的科学事实和科学原理，对所研究的自然现象及其规律性提出的推测和说明。

科学理论是对某一科学领域所做的系统解释的知识体系，由系列性的概念、判断和推理所组成。科学理论的建立要经历从假说到科学理论的转化过程。科学理论是基于范式的基本信念、范式所认可的方法（经验科学中，对经验材料进行概括整理），形成的一定的概念、原理的体系。夏皮尔在"科学理论及其域"一文中着重研究了"解释性"理论类型。他还特别注意这样两类理论问题，他称为"构成性的"（compositional）和"演化性的"（evolutionary）理论问题。"构成性的问题是要求用组成域的个体的组成部分和支配这些组成部分的活动方式的定律来解释的问题……演化的问题则要求根据构成域的个体的发展来回答。"前者如元素周期理论，后者如达尔文进化论。理论还须回答"理论的适当性"问题，它是与一理论的形式直接相关的，涉及几个方面的问题。

①一致性问题。即是否自相矛盾。

②理论完全性问题。它涉及理论的基本观点的清晰程度、它的某些基本参数的任意性程度，或者那些暗示着需要更深层的分析或更深层的理论以纳入理论之中的默认信念。

③实在断言问题。理论的表述是"实在论的"还是使用了"概念工具"（"理想化""简单化""模型"和"方便的虚构"等）要由范式内部的"背景信念"来鉴别。

④理论之间的相容性问题。它包括了理论与别的理论之间的一致性、相似性、还原性及可推导性等问题。

由于理论要回答上述那些特别的问题，对特定的"域"进行系统的"说明"，所以对理论问题的解答往往直接导致科学知识的增长。新的理论将成为范式中新的信念。

4. 方法论原则

一定的学科有一定的方法论原则。在动、植物分类学中，按照特殊的形态特征进行描述和记录，形成按特征分层的分类检索表，以及根据形态、解剖特征查找动植物所属分类阶元的检索法，命名采用双名法等，可以算是分类学的一般方法。这种方法作为规范是学科中已经接受的信念。

其他实验科学如物理和化学等，也有从假设、实验设计、实验及记录、结果分析、理论概括等实际的操作环节。贯穿在动植物分类学、物理学和化学的这些具体方法之中的方法论原则是基于经验观察（实验操作）的归纳推理。另外一些诸如几何学的学科则无须经验材料的介入，它从预设的前提出发，经过演绎来发现更多的规律，形成学科的理论体系。所以，学科的方法论原则也是范式中的信念。

5. 评价标准

一定的范式下，基于基本信念的研究还产生高于理论层次的信念，即一定的理论评价标准。在不同的学科，评价一个理论有学科中认可的评价标准。就科学哲学而言，不同学派的理论评价标准就有很大的差异。逻辑经验主义以是否得到证实或确证度的高低作为评价标准，波普则把理论的经验内容的丰富性和通过检验的严峻程度作为理论评价的标准。按《科学发现的逻辑》中关于理论评价问题的标准：理论 T' 比 T 好，如果：

（a）T' 的可证伪程度比 T 高；

（b）T' 比 T 经受住了更严峻的检验。

以上两条分别从先验的方面（a）和后验的方面（b）给出了对竞争理论的评价标准。

费耶阿本德则认为，只要能促进科学进步，"怎么都行"。

理论评价标准是一定的范式特有的高层信念。

三、道德领域的层级

我们时常讲道德伦理，但道德和伦理是不同的概念。道德范畴侧重于反映道德活动或道德活动主体自身行为的应当，伦理范畴侧重于反映人伦关系以及维持人伦关系所必须遵循的规则。伦理，是关于人性、人伦关系及结构等问题的基本原则的概括。伦理是约束公共行动的人伦规范，强调他律；道德则体现基于对道的认识而获至的"所得"与道德理想，强调自律。

我们在面对"他人"的考虑中，着意将为己的考虑与为人的考虑区分开来。这种考虑的基础，不只是一个知识问题，它涉及的不仅是真伪的判断，它还涉及个人间、团体间、民族间、国家间、国际阵营间谋求自身正当利益的可能极限问题，这一极限就是合适的伦理界限。在这一界限的指导下，我们不可以借保护自身利益之名侵害他人利益，也不可以因致力于防范他人侵害而增加彼此共同的危险。为此，厘清伦理关系的基本脉络是必要的。

(一) 私欲是与生俱来的

这一命题无须论证。现在大多数人都能接受关于生物学意义上的自我保护能力（所谓"本能"）是人的动物性存在的基础这一观点。而人的动物性存在是人的社会性存在的前提大致也可以作为"公设"来对待（依我个人的观点，人工智能中忽视机器人"本能"部分的精妙建构是该领域进展缓慢的方向性根源之一）。

真正意义上的个体（individual）的存在是从能够有效维护其切身利益开始的。与生俱来的获得应付环境的能力的可能性要从最初的现实能力开始逐渐实现出来。这些早期能力的萌芽完全是满足基本私欲的起码本能。比如：婴儿的吮吸反射、不适或饥饿时的啼哭、抓握反射，偶蹄类动物出生后不久的站立和行走、鱼苗和其他水生动物幼仔的游泳能力，所有高等动物（主要见于哺乳类和鸟类动物）的印刻现象①等，无

---

① 鸟类和哺乳类动物初生的一段时间内会把在周围移动的任何东西认定为它的"妈妈"并加以追随、依赖，遇到惊恐或威胁时会迅速躲到这个"妈妈"的保护之下。过了这个特殊的时间段，就不会形成类似的依恋关系。这种现象在心理学上称作印刻现象。作者注。

不标示生物在种族进化到更高适应能力的同时，个体复杂的活动能力保留了更完备的自卫性。这种完备的自卫性所要捍卫的是自身的生存和生存范围进一步拓展的可能性。生存维持和拓展的内部动因就是私欲（desire），它要经过健全本能（以及后天习得的能力）的转换变成一系列满足欲望的行为（behaviors），它与环境的互动才可能是建设性的。无论一个人终于达到多么崇高的境界，他不能否认曾经脱胎于这样一个"私欲的动物"。

（二）道德作为个人的修持

1. 所谓"道""德"

道的原义为人行的道路；法则、规律（道—器，道—德）；宇宙本原（本体）（《老子》："有物混成，先天地生……可以为天下母。吾不知其名，字之曰道。"）；人生观、世界观、政治或思想体系（《卫灵公》："道不同，不相为谋。"）

所谓"德"，指具体事物分有得自"道"的性质或规律，即为"得"；对于"道"的认识修养有得于己，因修习"道"而有"得"即为"德"。

道德水平的高低与认识水平的高低是"正相关的"。我们越是对人生有更深刻的认识、对社会有更全面的把握，我们就越是能够自觉地担当自己应尽的义务和责任；对生死荣辱、贫富贵贱了解得越透彻，我们就越是能够贴近生命本身的真义，安于在清贫中恪守人生的信念。反过来，纯正的德性又能够赋予我们中正的认识角度与平和的求解心态，有益于获得弃绝偏私的真知识。德行让我们在更大尺度上与"大道"保持一致。在这种意义上讲，"德"乃"知"与"行"的统一。

德在求知的"修道"，因为"德"是有得于修"道"，对"道"的"知"属于"德"的认识；德在生活的"践行"，因为"德"的层次见诸"体行"，对"道"有所得的见证在于依德行善。

227

2. 美德、知识与性格状况

苏格拉底主张，人类灵魂中的善性，如正义、勇敢、敏悟、强记、豪爽等，唯有与理性结合才是有益的（比如，勇敢而不谨慎就是莽撞，就会有害）。如果美德是灵魂的一种性质，并且被认为是有益的，则它必须是智慧或谨慎，因为灵魂所有的东西，没有一种是本身有益或有害的，它们都是要加上智慧或愚蠢才成为有益或有害的。因此，如果美德是有益的，它就必须是一种智慧或谨慎……美德整个地或者部分地是智慧……美德是由教育来的……

道德水平的高低不止是由外在的行为表现出来的那一部分来衡量的。由外在表现我们有时候很难评价出真正智慧的高尚和完全的无知的卑劣，因为在外在的表现上这两者并非处处总是不同。但这两者在内在的素养上却有天渊之别，因此，内在的德性修炼才是根本。内在修养之中，一项最基本也是最重要的指标就是认识能力。良好的道德修养来自良好的教育、认真的思考、不断的反思，这种不断追求接近某种道德理想的持续努力，会培养出一种对"真理"和"美德"本身的渴望。它让人在方法上越来越洗练，在切近真知识的思虑上越来越娴熟。所以，从一方面说，道德修养有益于人求取真知；从另一方面说，真知的积累与融会又能提升人的德性水平。

罪恶与愚蠢有着十分紧密的关系，有些品质（如勇敢、刚烈、直率等）如果不与智慧结合就将偏离"美德"。德在这种意义上是作为对"道"的认识或者感悟的。也就是古人所说所谓"求道而有'得'"。（柏拉图）人类的知识分别属于四个等级：理性、理智、信念与想象，分别对应于和它的对象相当程度的真实性和明确性。

亚里士多德主张"道德上的美德是性格状况"。他说："既然灵魂的状态有三种：感谢、能力与品质，德性必是其中之一。"……"既然德性既不是感情也不是能力，那么它们就必定是品质。""每种德性都既使得它是其德性的那事物的状态好，又使得那事物的活动完成得好。

比如，眼睛的德性既使得眼睛状态好，又使得它们的活动完成得好（因为有一副好眼睛的意思是就看东西清楚）。"①

3. 道德自律强韧者的不可征服性

苏格拉底为自己做了最后的辩护以后，高贵地服从了雅典法庭的判决——服毒而死。他饮尽了研好的毒芹汁，临了还惦记着要跟俄尔甫斯和荷马探讨真正的智慧。能够慷慨赴死的人是不可征服的。

道德对于人格的塑造作用以及经由真正的道德修持能够获至的精神力量是非常惊人的。一个在道德原则上深思熟虑的人会对他必须做、应该做和必须不做、应该不做的事情做认真的审视和界定，并内在地接受为自律的道德原则。这类道德信念往往处于"人类本质"属性这种核心的位置，他会作为"人格"中最稳定、最核心的内容加以捍卫和坚持。像苏格拉底那样坚持自己的道德原则无惧死亡的人，试图征服他确实是徒劳的。说到道德修持能够成就巨大的精神力量，自然也就让人想到在道德成长的各个阶段，我们的行为能力也对应于道德成长的不同阶段。

（三）行为能力与道德

从婴儿时期到完全成年，我们的行为能力在不断增长，而道德修为的水平也在一步步成长。

1. 弱者"正当的"利己

无力自助的幼儿、病障人士、老人受到普遍的同情和关照。人们不是在纵容对社会和他人的依赖，而是从自然秩序和社会伦理角度自觉履行对需要得到关心支持的弱者的帮助和扶持。对于常人而言，那是应尽的责任和义务。在寻求他人和社会帮助的人中间，属于真实的病、弱、幼、残或老人，他们的"利己"和求助是不受道德谴责的。然而，"乞

---

① ［古希腊］亚里士多德（Aristotle）. 尼各马可伦理学 ［M］. 廖申白，译. 北京：商务印书馆，2003：42–45.

讨的人"中有一些冒充"弱者"的正常人却是在欺骗——在将他人对"病、弱、残、老者"的同情兑换为自己私欲的满足，这些人不在这里"正当的"利己者之列。因为这类人的过错是多重的：其一，他们冒充"正当的"求助者，欺骗了他人的同情心，用于满足自己的私欲；其二，欺骗行为背后的是私欲的膨胀和对物质利益的贪婪，他们用骗取同情心来发财，伤害了一个社会正常的同情心；其三，他们的行为让那些真正需要社会救助的人难于通过正常同情心得到及时帮助；其四，正当的求助者只以获得基本帮助，渡过难关为目标。骗取同情心发财的人的贪心毁坏了社会上成员间的应有信任和彼此关怀的同情心，不仅损害了正当求助者的利益，也败坏了社会环境。

2. 自立者"推己及人"

将自身的愿望映射到他人身上，并对他人的利益予以理解和关怀甚至给予周全的举动标志着个人认知能力和行动能力的增长，也标志着其道德成长到了一个新的水平。一个具备能力周全他人的人在能力上有了起码的准备。当他同时有心周全他人的时候，他就懂得了把他人当作一个跟自己同等的人，在道德位格上，他已经超越了"以自我为中心"的"弱者"阶段。同等地对待他人、理解他人、周全他人，使得个人的道德水准提升到克己和利他的阶段。

3. 强者的"兼爱"

对私欲的克制是另一种更高层次的能力。克制的极端方式是完全牺牲自身利益，在此基础上实现的对他人（以及族类）利益的关照显示了个人更高的能力以及更高的道德超越。牺牲自己，成就他人；忘记自我，成全社会，这是对"私欲"的极大超越。而且，这种"兼爱"达到极致，为了爱他人，甘愿舍弃自己。这样的爱不仅是伟大的，而且是崇高的。完全无私的奉献值得我们在道德上给予最高的赞美。这是对人的动物性最彻底的超越的明证。这样的人可以称作"无私""高尚""脱离低级趣味"的圣者。在对私利的彻底超越中，强者实现的是人

"作为类的存在物"的本质，一个对他所属的"人类"的本质的深刻认识和深挚同情超越了他对"小我"的眷顾和执着。

4. "美德"与"无能"

"美德"所遇到的最刻毒的攻击就是将它与"无能"混为一谈。一种被指责为"无能"的"美德"顿时显得黯然无光。然而，"美德"与"无能"不是一回事。真正的"美德"在能力上经历了这样的锤炼和提升：

A、无力行为——→B、有力行为、无力克制——→C、有力行为、有力克制——→D、可以基于思考和道德原则自如选择"无为"（带有完全内在的坚定自信）

"无能"则止于A阶段，相对于B而言，A当然更为低能；但是，B之"有力"仅能相对于A，它无法相对于C和D。在获得道德自律的圣者身上，行为能力和道德自制力的超越让他实现了完全的意志自由。

珍视道德修为的人时常会为一些对自律者的污损言论而陷入烦恼。如有人说："有些人自命纯洁，不过是没有遇到真正的诱惑""你鄙视别人淫荡，不过因为自己无能""你们蔑视我们卑鄙，只是因为你们自身愚蠢"，等等。如果你做这样的回应，可以认定你已经解决了这类道德难题："有些人对堕落并非一无所知，但自觉远离了堕落""许多人并非无力淫荡，他们选择清纯的品位""你们义无反顾地奉行的卑鄙招数连幼童也懂得，但以幼童的德行也会弃绝为之的举动更不谈我们还会为之了"。

真正的道德是一种力量，随着道德修为水平的提升，这种力量足以让自律者成为不可征服的人。如此说来，人类的道德境界是随着其能力的成长、社会属性的提升而不断实现超越的。道德层次标识着内在的精神境界和道德境界的分别。从修道而有"得"的角度看，我们道德修养的境界是有可以衡量的层次性的，与我们的"能力"提升正相关，道德层次的提升或者道德境界的超越有的与成长阶段相关的顺序性。

（四）战时伦理与和平伦理

在不同处境下，人们受不同的伦理规则约束。在和平环境下和在战争状态下就有着完全不同的伦理语境。和平环境下，人们彼此相处的规则符合和平伦理。进入战争状态，则受战时伦理约束。

1. 伦理是针对具有同等位格的"人"的行为规范

我们的伦理观念中假定了同等的道德身份的人受同等的规则约束。人与人在法律关系上的平等以及道德地位上的平等是体现在法律条文和伦理规范中的共识。这个共识的普遍性和有效性就构成了伦理规范的有效性。如果任何条件下这个共识被打破了，那伦理规范的约束力就成了问题。

违反伦理规范是要受到道德谴责的，严重到违犯法律的程度将受到法律制裁。了解伦理规范的适用范围不仅是个人遵守这些规范、维护伦理秩序所必需的，它也是在受到侵害时适当加以应对时采取合适的行动所必须的。典型的情形就是当在和平环境中受到严重的犯罪行为威胁（比如，暴力抢劫、强奸等严重威胁人身权利甚至人身安全的事情发生）时，和平的伦理需要立即转换成"准战时伦理"。因为这种情形下，伦理规范能够约束的语境（受道德和伦理规范能够约束，道德谴责可以对行为进行调节，更严重的侵犯可以诉诸法律，寻求公道）已经转换成了准战时语境（严重侵犯已经发生或正在发生，道德谴责不能制止侵害，法律途径已不能终止侵害——除非执法人员在场且采取有效手段，当事人需要行使"正当防卫权利"）。立即有效地采取行动以制止侵害是必须的。行使"正当防卫权利"令加害者失去伤害能力、将其制服（特殊情况下将其致死）是受法律保护的正当权利。

2. 战时伦理将敌方视作"异类"

进入"准战时状态"，就在伦理规则适用上放弃了将侵害者视作"伦理地位上"对等的"同类"，而是根据其侵害行为，将其视作伦理上的"另类",并采取相应地自我保护对策。在"战时伦理"语境中，宣战的敌对国之间可以通过相互剥夺军队和士兵的生存权来解决争端。它要求双方优先维护生存权，可以诉诸武力和谋略，包括军事伪装和战略欺骗。战时伦理将人类之间的争斗保留在很有限的"有序"状态之下，少数规则仍有约束力——比如，我国的"两国交兵，不斩来使"，各国都赞成信守战时达成的临时条约、特殊武器限制条约、允许红十字组织战场救助伤员等等。

3. 和平伦理（一）要求伸张道德公理，解决争端以不进入法律程序为限度，诉诸道德良心的谴责

这是一种和平时期常见的伦理争端解决的方式。违反伦理规则的行为产生了，诉诸道德谴责。在道德谴责的约束范围内，行为者调整其言行，伦理秩序得到恢复。和平时期的伦理秩序平稳持续。如果道德谴责的行动调节作用失效，伦理失序会加剧。一旦触碰到法律权利侵害的界限，此时的和平伦理语境就升级到"和平伦理（二）"。

4. 和平伦理（二）要求得到法律所保护的公正，以法律程序为限，诉诸法律制裁

当和平伦理（一）的调节作用失效，侵害达到涉及法律权利的程度，仅仅用道德谴责就无济于事。要终止侵害发生，必须诉诸法律。在法律框架下，通过诉诸法律程序，动用法律的强制作用恢复伦理关系的正常化是这种语境下的规定程序。任何人在这种语境下实施更严重的侵害行为，法律的强制作用失去了威慑作用和调节效果，那侵害的性质就可能继续升级。但只有没有马上出现的严重人身侵害或生命威胁发生，法律的调节作用将继续有效。此时仍在法律调节范围以内。

5. 辨别两种不同的伦理关系有利于"好人"保护自身的正当权益

当严重人身侵害突然发生，当战争突然爆发的时候，正当防卫和反侵略战争的正当性要求立即采取反制行动。在和平时期我们就对这类伦理语境的转换有充分准备十分重要。在这两种情况下，善良公民和和平

国家立即采取有效正当防卫和反侵略行动是至关重要的。因为这种时刻对形势判断的迟疑，对适用伦理规则选择的错误将贻误宝贵的自卫时机，让侵害行为得逞，让侵略者获胜，甚至造成生死之间的分别。

（五）道德的超越

婴幼儿阶段的人是"专门利己"，除了幼童，还有残障人士和体弱、老迈的人群，他们的利己并不被认为是不正当的。

随着年龄的增长，人的自理能力、处理切身事务的能力、应付环境的能力都在提升，对他人的认知和理解力也在提升。懂得设身处地的为另外一个人考虑，关照他人的需求的时候，我们的认识能力、理解能力都有了长足的进步，"孔融让梨"显示的是少年在生理能力和道德担当力上的长进，推己及人、将心比心就是再把他人看作与自己同等的人，即"我"想得到的，也是他人想得到的。克制自己，成就他人是超越自我中心的最重要的尝试。个体的人从这里开始具备了真正的社会性和集体性。他自觉地去理解他人、开始克制自己，成就他人，就在成为人群中有担当的、集体一员。

当我们向世人传播"己所不欲勿施于人"的时候，会与西方的类似观念相遇"爱你的邻人，像爱自己一样"。这两个温暖的句子其实说出了一种道德境界的两面：自己不想要的，也不要强加给别人；自己想要的，要能够与他人分享。这是成熟的人对他人应有的起码的平等观念和理解态度。在这种观念和态度之下，我们才是同等的人，普天之下才会皆兄弟。对他人利益的切身关照是对完全私欲的超越。然而，处在这一层次，对邻人的爱，对他人"不欲"的不强加均源自对自己的爱、自己的不愿被强加。

当一个人为了众人甘愿牺牲自我成就众人，他对私欲的超越就达到了极致。对他人利益的关照以牺牲自己为代价，这样的人已经达到了高尚的境界，被称作自我牺牲的圣者，是高尚的人，纯粹的人。当然，如果"牺牲"的目的中有太多要弃绝"私欲"的成分。就如在"毫不利己、专门利人"的倡导中主张的那样，在和平伦理范畴下就是一种对"私欲"的尽力回避。它在竭力躲避有"私欲"的嫌疑。在这种意义上讲，"毫不利己、专门利人"的道德是一种其公心所指"尚有例外的"道德。"利人"和"利己"被置于对立的两边，选择其一，弃绝其余。这在特殊的境况和社会历史条件（如战争年代，民族危亡关头）下有其必要性。其高尚性和超越性也是显而易见的。

在和平伦理语境下，道德的超越境界是一视同仁的"无我"境界。在"利他"的考虑中，"毫不利己、专门利人"是排斥"己"的。然而一种真正崇高的道德为什么会有例外呢？因此，为了一种无例外的真正高超的道德，我们应该这样要求自己：像爱所有人一样，爱自己。至此，道德的超越已经完全出离于私欲之外。这样的道德之下，崇高已经不在于首先考虑"消灭自己"，而在于"恩泽所有人（包括自己）"。所以，在这种道德下，蒋祝英、罗建夫不仅有为国分忧的工作干劲，还应有健康的体魄和协调的个人生活。行政人员廉洁奉公却也不必因为自己是当官的就不许自家的亲戚从政、经商、做研究。公道在心中就会避免干出邪恶的事情，邪恶在心中"公道的规矩"就只是一个幌子。

个人的道德境界是不断在修炼中成长的。它不是外在的、他律的，它属于自己。道德上的欠缺是人生头等重人的缺陷。

四、宗教信仰与信念

有人［如瓦慈（Watts）］将信念与信仰做了对立的区分。这样一来，在宗教中就实际上取消了信念的合法性，因为信念是背离信仰的。另外一些人则没有将二者如此对立。奥尔波特认为，通过感性知觉、理智和他人的信念而得到增强的信念叫作知识，缺乏上述支持而又被坚信的信念叫作幻念。信仰处于上述两种情况之间，换言之，信仰可以作为介于幻念与知识之间的信念。我们很少认为他人的信仰是真正的知识或是幻念。信仰根源于盖然性，并在确定性上程度各有不同。假如这个信仰是一个人主要的希望的话，那么即使低度的信仰也能产生出巨大的能量。

将抽象的精神具体化而形成的信念往往　象征性的宗教语言作为一种抽象的信念在众多的宗教人士的心目中是具体的东西。一场宗教运动规模越大，那么它的领袖的训示就越法典化。细微的区别被忽略了，而先知的象征性的表达则被认为字字是真理。"天堂"变为一个具体的地方，而不是一种存在的方式；"上帝"变为天空中宝座上的主宰者。当一个宗教团体用信条和教义包装了它的训示之后，便不再允许人们使用可供选择的象征手段表达宗教的意义了。一些象征性的宗教语言，在纯粹的象征意义上难于激发和保持人们的信念，在宗教实践上不容易为普通的教徒把握。具体化的理解则能够就那些抽象的宗教精神形成大量亲切的信念。

透过象征性而把握到的信念　或许没有人会赞同希伯来圣经中"血肉之躯尽是草，终必枯亡"的说法意思是说，人的肉体是由草组成的；人们象征性地解释它意味着人生是转瞬即逝的。当某人只是以具体的或字面上的方式理解宗教语言时，那么他就误解了宗教信仰。有些人会根据对宗教的表面的、字面上的、幼稚的、未经研究的解释来拒绝一切宗教，而许多宗教信奉者则用宗教的说法去寻求超出字面词句之上的更深刻的象征意义。因此，一些人能够接受别人在字面上加以摒弃的意义，另一些人则象征性地来理解宗教的说法形成自己的信念。宗教信仰者作为一个群体似乎比怀疑主义者更少理性的批判，他们相信权威的倾向高一些。

第三节　信念指导行动的机制

信念是怎么实现对行动的指导的呢？我没有愿望要实现、我们的认知能力让我们知道周围有怎样的环境、我们相信一些可靠的原则、我们知道如何在这样的环境里面去做一些简单的操作、对我们的所作所为的后果有基本的判断、我们心里还怀着关于合适的行动的道德标准甚至社会理想，现在的问题是，我们的信念怎样通过自我这个现实的调停者把本我的欲望和超我的道德理想协调起来，在现实处境中兑现成可以接受的行动。这样的行动既满足本我的欲望又符合道德要求，还被社会评价为成功的行动。最简单的行动中信念如何起到主导作用？在复杂的行动中多层次的信念又如何发挥作用？这个人整体而言他的行动如何受到信念指导和调节？

一、简单行动的信念指导

行动是指有意识、有目的、有计划的活动。在特指未成年人、无行为责任能力的人、醉酒或精神疾病状态的人的作为时，使用"行为"而不使用"行动"。正常成年人在紧急避险的应激反应中，会在还没有清楚意识到紧急情况是怎么回事时就凭借本能，做出了连串避险的动作。这时候只能称这为紧急避险"行为"。

通常情形下，我们有很多类似本能的行为，与清醒状态下有目标、有步骤的行动不同，它们更像是自动完成的。比如，有人相信保持健康需要一天至少喝够四杯水。它会在很多行动的间歇时间里一次又一次取水、喝水……他按照自己所相信的保证健康的饮水量每天喝够了 4 杯水。而取水、喝水且保证每天饮水 4 杯以上的量，这一有意识的行动便是受到了他相信"每天饮水 4 杯是保证基本健康每天必需的起码引水量"这一信念的牵道作用。但是反过来,这一信念并不决定他何时、何地以及怎样喝水。

简单行动指不受外界因素干扰的、基于自身愿望、凭自由意志、为自身信念所指导的满足单个或一组需要的单个本意行动。相应地,复杂行动是指不同程度受到外因干扰(含愿望的形成、目标的设定和行动方式选择等因为外因的影响而发生改变)的各种行动。在简单行动的信念指导机制中,信念、愿望、行动及相关要素之间的关系如图 7 - 1 所示。需要、意向与满足需要的对象目标的契合产生明确的愿望。信念系统参与的决策机制需要考虑"本我"需要与"超我"(理想、道德、规则等信念)的要求,按现实的可能性平衡决策满足需要的策略和路径,与针对具体行动进行的规划、预测和评估系统一起,决定放弃某行动,或者产生出现实可行的"行动方案"(包括"行动目标""行动计划"以及"动作和进程控制")进而依次实施行动。

简单行动的信念指导模式中,只考虑最简单的需要、愿望、信念、诱因、行动环境与行动的关系。

二、复杂行动的信念指导

如果把简单行动模式与可能的各种复杂行动对比,就不难发现简单行动相当于本意行动。本意行动中的外在因素,只考虑满足需要的对象作为直接诱因的外在影响。更多对愿望形成、行动决策产生影响的相关因素未加考虑。如果考虑这些影响因素,那么,我们的愿望就将受到调整,行动目标、策略、计划以及相关的动作与进程控制都要有所变化。属于这一类的行动类型相对复杂。它们包括:搪塞行动、迎合行动、掩饰行动、表演行动、受胁行动、潜击行动,等等。信念对复杂行动的指导作用在于,经信念的指导,异于本意行动的各种复杂行动都在稍有变化的模式下得以有序而稳定地展开,达到各种相对复杂的行动目标。那些受到相关外因影响的行动者,即使只为针对诱导因子获得愿望的满足的本意行动，也在愿望，决策，行动规划、预测和评估，行动方案等环节都发生了变化，这些环节的改变使得行动受到信念指导的机制呈现差异。

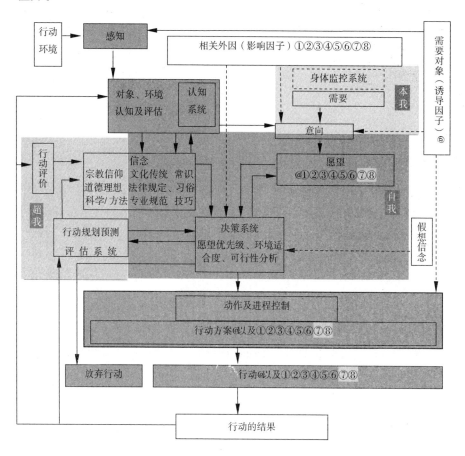

图8-1 影响因子，信念、愿望、行动的心理动力学示意图

如图8-1所示，在简单行动中，仅有"需要对象"作为"诱导因子@"作用于意向，形成"获得@"以满足其需要的愿望。信念参与的行动评估将决定是放弃行动或者采取可能的目标明确、计划可行、有成功可能的行动。之所以将这种行动称作简单行动，是因为它在行动要素考虑中只考虑了最基本的内容。在搪塞行动中，外部影响因素①设定

了一个不能完全忽略但又不愿过多、过认真加以应对的影响因子，这种影响因子作用于意向，形成改变过的愿望（虽不愿完全忽略从而引发问题或不便，却也不愿真的认真、过多应对）。因此，在需要对象作为诱导因子以及影响因素作为影响因子的情况下，搪塞行动被界定为：不加完全忽略，也不十足认真地对待。表面上附和，实际上却并不以为然，只做最起码的表现，照顾最起码的表达赞同的需要。这种类型的行动在不同的人，其表现存在差异。有些人情练达的人，虽然内心是在搪塞，但在表现上，却不让人一眼就可看穿。另有些人把搪塞应付表现得明明白白，毫不做修饰和遮掩。这样的"搪塞行动"其实带有不屑和轻视之意，如此作为是要明示态度。

迎合行动的外部影响是一个需要在互动中博得其好感，需要逢迎其喜好、避免令其不悦的对象。需要迎合的影响因子抓住了某种间接的、非眼前的需要和意向，它与要顾全和朝向积极方向努力的愿望紧密联系。迎合行动的对象是其他人或组织，对行动者的表现所做的价值判断是在迎合行动中受到特别重视的。做出迎合的行动就是为了密切与迎合对象的联系，受到其正面评价。怎样才能迎合对方、是否已经有效地迎合了对方、迎合效果的评价、该如何调整策略以实现迎合目标，这些是迎合行动中的主要考虑。

掩饰行动可以出于多种原因，针对多种外部影响因子，它的核心是遮蔽真实意向和愿望，弱化甚至消除因为暴露真实意向和愿望招致的后续效果。为避免暴露真实而遭遇损害会采取掩饰行动。这与行动动机的善、恶无关。为施害目的不知为人所知而失败，会采取掩饰行动；为行善目的而不招致额外枝节横生变数，也会采取掩饰行动。

表演行动是很特别的人类偏好。表演艺术中的表演和生活中的刻意特征化的行动表现甚至在潜击行动中，都有附身某种不属于自己的信念并据以设计、规划和实施行动的特性。在表演艺术舞台上，表演效果的预设评判者是观众，观众被带到了剧本预设的情景、情绪和感受之中，被"感动"了，表演就成功。在生活中，刻意特征化地在行动上把自己装扮成某种"角色"的表现，也是在不具有该"角色"所具有的真实信念的情况下，向假设的"观众"或"观察者"表演那个试图扮演的"角色"，生活中的表演行动和在"潜击行动"中的表演行动实际上是对"观察者"的行动欺骗，是要系统误导其判断，博得符合角色的评价。

受胁行动中外部影响因素是在意志上、甚至是人身权利上的强迫。换言之，行动者并非出于自主选择，甚至可能不具有人身自由。他之选择这样的行动，是受到了外部影响因子的胁迫，不得不如此作为。虽然并非出自本意，但行动者经过了权衡和选择，选择了在被胁迫条件下，顺从胁迫因子，采取违背本意的行动。这在各种胁迫事件中，受害人因亲人安全、健康，以及商业利益、政治前途、公众形象受到胁迫者威胁不得不做出各种重大利益让步的行动模式中可以看到。纯善良民和凶狠歹徒在胁迫之下都有可能选择违背本意的行动。不同的人是否会屈从于胁迫，在什么情况下会屈从胁迫，有完全不同的表现。对于大部分常人而言，受到怎样的胁迫会屈从因人而异。国外有些情报机构在审讯情报人员的时候，以情报人员自身的身体承受极限为手段，如果不奏效，就以其所爱、所珍视的人或事作为胁迫，比如，让其好友处于生死边缘。不少情报人员在这种情况下选择了屈从。完全不受胁迫的人个是真正虔诚信仰神灵的人、有特殊禀赋的人，就是其精神境界达至超拔的人。拒绝受胁行动的人是难于征服的。

潜击行动典型地指那些为了攻击、损伤敌方而长期、审慎潜藏、伺机窃取情报、制造危机甚至实施破坏的谍报人员的潜伏攻击行动。这类行动也有"表演""掩饰""迎合""搪塞"等行动特征，但是，它之所以独立为一种类型就在于，潜击行动者的真实信念与其在生活中的行动不仅并不是真实对应的，而且恰恰是正好相反的。这是行为主义研究者在研究他人信念的时候难于应对的情况。潜击行动者因为个人、家族、团体甚至国家赋予的特别"使命",用绝大部分时间和精力,作为职业生涯投入实现这一"使命"。个人的日常生活、家庭甚至身家性命也置于实现这一使命的目标之下,是在用其"生活"扮演特定伪装目标的职业特征,实际上却在完成周围人并不知道的"使命"。潜击行动者在其特殊潜伏情景中的行动并没有体现其真实信念,而可能是相反的信念。体现其真实信念的"潜击"时刻——窃取情报、实施破坏和攻击时信念与行动的一致才是"可观察的"。潜击时刻的暴露将是情报人员真实身份的泄露,潜击计划将被迫终结。行动者的价值体现在其"使命"的价值之中。某些重大的潜击行动由于带有团体、组织、政府甚至更高层级的"使命",它几乎要求行动者完全奉献全部生命、才华和社会关系,因而具有超越个人利益的信仰性质和奉献性质。这种潜击行动被认为是为理想目标奉献的行动。

职守行动是指社会分工特异化的人在特殊职业条件下的职责行动。由于社会人的社会角色都是通过职业体现的,在职人员的职场行动都服从职业规则,尽管不同的人在履职时都带有一定的个性特色,但职业身份和职业规则在这种语境下对人的行动有更强的约束作用。尽职尽责也是行动者获得职业收益和社会价值的一般要求。

虔信行动把需要、意向、愿望、信念、行动等各个环节都统一到信仰之下,虔信行动具有整体性和一致性,对神灵的信仰要求把人生规划成这种整体性的一元论的"信仰—行动"体系之下,任何与此格格不入的因素都将被虔信者拒斥。无论世人如何评价虔信笃行的人士,他们的人生才是具有高度一致性、整体性和圆满程度的。除此之外的人生莫不是充满错乱、混淆、迷惑以及自相矛盾和前后冲突的。

三、信念指导行动的整体模式

就信念指导行动的整体模式而言,需要重点厘清的是心理学概念,尤其是广为人知的精神分析学概念与信念认识机制以及人工智能 Agent

的 BDI 模型概念之间的关系。

如图 8 - 1 所示，精神分析理论的人格动力学围绕"本我—自我—超我"的互动关系刻画了个人的整体轮廓，即本我指先天的需要和原始本能，它的基本原则是：需要—满足；超我是由社会性赋予个人的宗教信仰、道德理想以及科学规范等律则信念，它要求服从宗教信仰、合乎道德理想及规范，满足社会需求，顾全整体利益；"自我"则在"本我"和"超我"之间按现实原则调停其矛盾，使得个人合理地满足本我需要，又尽可能不至于违反超我的要求。

在基于 BDI 模型的 Agent "信念—愿望—意向"框架中，信念是实现愿望的知识库，而预期满足愿望的外在对象作为行动目标的指向则是意向（intention），这里赋予意向的含义并不与心理学中的"意向"或"意向性"完全等同。尽管其中含义的差别并不造成理解上的困扰，但明确其差异确有必要。借用心理学概念、认知科学概念，人工智能的目的是想在理解人类"信念—愿望—意向"与行动相关联的机制，从而通过智能平台模仿出与人类相似的"智能"表现。事实上，符号主义抓住符号演算，关联主义突显神经元之间的网状连接，深度学习看重大脑皮层的多层结构，行为主义则瞄准生物对环境的适应行为，这些都是实现人工智能的不同策略选择。但是从智能角度看，这些已非常具体、局部的已知原理作为"人类智能"的原型是非常片面、肤浅的。因此，在这种策略框架下能够实现的"智能"与"人类智能"之间的差异是巨大的。未来人工智能需要深入了解人类信念指导行动的整体模式和框架。在这种基础上模拟人类所拥有的智能将获得更接近人类智能的探究成果。

整体而言，信念作为内化的"世界图景"、算法选择标准、价值尺度、内在需求与需求对象及环境评估系统为通过行动满足需要做好了准备。愿望如何基于信念系统评估需求迫切程度、环境可支持程度、需求目标的可获得性以及宗教、道德、法律、规则的许可范围在推理与演算系统的介入下，决定是否行动；如果行动又有哪些的具体行动目标、计划、实施步骤以及有怎样的动作与进程调控方案。这是信念指导行动的主要线索。与此相关，突破上述需要迫切度、愿望优先级、超我原则严格程度以及具体行动可灵活把握的程度诸要素的阈值潜藏的隐患和风险、不同层级信念在不同行动中的优先等级，外部诱导因素与影响因素的事态量级，影响力度和重要程度等都对具体行动的规划、预测、评估产生极大影响。不同类型的行动中，外部因素影响的水平，不同层级信念的优先级别都不相同。模仿人类不同类型的行动需要精细考查其中的主要因素和基本动力学流程，从整体上获得接近人类心理动力学结构和运作机制的人工智能模仿策略，这种人工智能才可能更接近"人类智能"。

本章小结

信念分不同的层级，有些信念在指导行动时优先级别更高。不同层级的信念在具体行动中起到优先级别有多高的多大作用，这又与需求的迫切程度、环境背景、需求目的物的状况相关。总体上看，高优先级的信念在特定处境下对行动的影响力更高，而低优先级的信念对行动的影响力更低。由于信念的重要性、优先性分层，一些特殊行动是由高阶信念直接支配的。这使得信念指导行动的模式呈现了复杂多变的特性。在大致区分的九种行动类型中，本意行动提供了简单的"信念—行动"关联模式；搪塞行动中行动者既有社会信念认为行动目标不可以完全忽视，也有个人信念相信该对象与自己并无现实的直接利害关系、没有深度关注和介入的愿望和兴趣。在行动目标上因而选择最低限度的附和和最大限度地避免被打扰。迎合行动者相信行动目标是可以满足某些愿望的对象，因此尝试揣测其意向与愿望并在行动目标上竭力与该对象的意向与愿望保持良性的互动，尽可能加以支持和满足，努力获得来自对象的好感和正面评价。掩饰行动者相信在设定处境中尽可能遮蔽其本意，尽可能让人无法从其行动表现了解其真实意图，因而在行动方式、时机、特征上刻意加以修饰或掩藏，使得真实意图不被知晓。这样做可能是为了避免招致损害，求取特殊目标在接近目标前避免惊扰，也可能是为了减少对行动目标的额外影响，或者出于其他考虑。表演行动则是按照剧本设定，通过了解"角色"信念系统并将其"附身"，从而使演员在表演时能够"进入角色"，深刻、生动地刻画"角色"活生生的舞台形象。表演行动是进入另一个人的信念系统，从而进入这个人的"真实行动"。而掩饰行动却是要抹掉真实信念在公开行动中的痕迹，让人无法从行动与信念的常态关联反向推知其真实信念和真实动机。受胁行动归类了行动者的意志与信念被强力的外部影响因素胁迫的极端情况。在这种情况下，生存、荣辱、损益的重大关切影响了行动者信念与行动之间稳定于性格特征之中的常态关联方式，行动者自主的意志、信念、愿望在受胁迫情况下，以不常见的方式指导选择行动。受胁行动中，行动者相信妥协能够换得权益的基本保全，此时的内在一致性都建立在此基础上。问题在于，在严重胁迫下，法律、道德都失去了效用，胁迫者的承诺往往是不足信的。妥协并不一定能够保全受胁行动者的权益。这点，在紧急的、突发的胁迫事件发生时很容易被忽略。受胁迫者依独立的意志和判断力评估形势，在气势和判断上保持主动和积极取向是重要的，没有这种取向，胁迫者达成目标以后不一定会信守承诺，更多的胁迫者会得寸进尺。保有不妥协的意志和独立的判断力、调动可能的环境条件和可调用资源尝试摆脱胁迫，而不是选择屈服、向胁迫者无条件妥协让步，这样才给面对胁迫做好了心理准备。

潜击行动者的社会信念，诸如责任、理想、使命等信念以及血洗冤仇的宏愿在行动的规划选择中占据高优先级。完全地甚至以优异的表现融入敌对组织和阵营，以图损害甚至消灭敌人的行动中，施行潜击计划的个人完全受高阶信念的支配，有时需要置生死于度外，潜击者的伪装和潜伏本身也是生死攸关的，因而，不发现令其进入潜击状态的高阶信念和秘密指令，行为主义心理学的通常方法，不能令反间谍人员有任何识破其真相的发现。

在职守行动中，职业规范和操守成为行动者的高阶信念。评价职守行动的标准就是职业规范和操守。

虔信行动中信仰处于最高优先级和绝对权威地位，虔信行动者可以避免目标转换造成的曲折和浪费，行动路径的反复和徘徊，实现了最高的人生整体性和一致性。

信念的重要性和对行动影响力以及适用的优先级的差别使得信念对行动的指导呈现非常丰富的模式。如果局限于对本意行动的简单描述，就无法了解为什么会在人们的行动中看到搪塞、迎合、掩饰、表演、受胁、潜击、尽忠职守及虔信笃行等完全不同的类型和样式。

第九章

行动使认识持续深入

每一类行动的实施都是对相应信念以及先前的认知活动成果的践行和检验，同时又成为修正有关信念，深化相关认识的根据。信念指导行动的过程（及结果评估）也是认识成果得以实践、受到检验并进而得以深化的过程。行动本身也是知识的体现，在行动中我们也呈现了这样一种知识，知道如何去行动的知识，操作的知识（knowing how to do something）。

第一节　行动践行信念

信念指导行动的作用体现在三个方面：①当信念为我们所持有时，我们相信它，把它作为可能行动的潜在根据；②在它所指导的行动中，它导致了行动的成功，尤其在行动的成功中，信念获得了更有力的、来自行动结果的支持；③在信念的指导下，行动者获得了关于"如何行动"的知识——操作的知识。无论是从公共知识库学习得来、从他人成功的实例那里借鉴而来，还是面对新的研究对象与条件研究者根据先前理论和观察根据建构而来，信念在践行并导致成功之前，都难于达到被确信的程度。信念被践行的过程，也是把命题知识（knowing that）转换成为操作知识（knowing how to do）的过程。

人类认识活动的突出特点不仅在于个体的认识更具有创造性和开创性，更在于语言、符号的介入，让他人的成功经验和失败教训可以成为我们能够了解的公共知识，让前人的探究成果能为后世所掌握。人类认识活动的个体创造性与社会、历史性一起，使得社会、历史整体的智慧与个体的创造发挥有了交互的方式。个体的成长过程也是从知识库获得来自他人、来自先辈的命题性的知识的过程。"我"选择性地获取公共知识成为"我的信念"、进入"我的世界"之后又在行动中践行这些信念，践行的行动就把得自其他社会成员、得自先辈的"命题性的知识"转化成为"我的""操作的知识"。

从知识论角度看，行动恰恰是公共知识库中的知识储备转化为行动者操作的知识的知识活化的过程。践行信念也是在拓展行动者的"我的世界"以及应对这个世界的行动能力。即每一次的行动成功，作为指导原则的信念就收获了一份额外的有效支持（尽管在批判理性主义视角下，不过是又一次免于被证伪，但在实用主义视角下，成功恰恰就是"真"的明证）。与此同时，行动者的"操作的知识"也因此被丰富。

认为有了愿望，行动者必定根据信念采取行动满足其愿望的想法过于简单，也囿于线性思维。行动的决策并不是在每一个需要满足的愿望面前都会做出采取行动的决定。这有两种不同的情况。首先，有些愿望的满足条件并不具备，或者硬性采取行动可能造成巨大隐患、招致严重损失或遭遇明显危险，行动决策系统在评估行动可能成功的可能性之后就会做出终止行动的决定。这种情况下，个体的理性决策能力就终止了行动。其次，来自公共知识库的信念也包括识别危险、损害和隐患的"反面启发"性质的信念。这一类来自他人、来自先辈的信念告诫行动者在何种情况和何种征兆出现时需要及时终止行动，以避免陷入危险、遭受损害和招致隐患。在这类信念的指导下，我们懂得了理性面对我们的愿望，既能够在条件具备时积极规划行动、实施行动，达成行动目标，也能够在条件不具备或者存在危险或隐患时，节制欲望和需求，收住行动的步伐。故此，在"行动践行信念"之中，既包括根据已有信念规划行动、实施行动，达成目标，满足愿望；也包括根据风险评估结果或者直接遵照禁止性的信念的训诫，面对愿望时采取隐忍、节制的策略，取消或暂停可能的行动以避免损失、降低风险。在这种情况下，行动并未背离信念、"没有践行信念"，恰恰是行动规划的风险评估结果或者禁止性的信念作为高阶信念对行动策略起了指导作用。其他更像是行动并没有受到信念指导的情况更涉及外因对愿望和风险评估结果的影响，高阶信念的指导机制是类似的。

第二节　行动作为认识成果的检验

行动在信念认识论中被纳入考虑范围，是因为行动并不是被当作信念的结果或者认识的终点，而是被当作认识成果检验、认识过程向深层次推进的环节。

实用主义真理论很好地抓住了行动者经验的这一特征。实用主义认为人的认识、思维是经验的一种方式，是人的适应行为和反应的机能。认识就是为了求得适应环境的满意的效果，使生活愉快、安宁和满足。实用主义的代表人物之一的 W·詹姆斯提出，一种观念只要能把新、旧经验联系起来，给人带来具体的利益和满意的效果，它就是真理。有用与无用便是詹姆斯区分真理和谬误的标准。另一位实用主义者杜威所主张的工具主义真理观和詹姆斯的观点在坚持效用尺度上是一致的。他也认为，观念、概念、理论等的真理性就在于它们是否能有效地充当人们行动的工具。如果认知成果帮助人们在适应环境中了解决困难、排除了苦恼，顺利地实现了行动目标，那就是可靠的、有效的、是真的；如果不能，那就是假的。实用主义对行动在认识中的作用的充分重视使得它成为 20 世纪初影响很大的流派。

　　实用主义试图通过"经验"作为一个统一的整体弥合传统哲学中认知的主体、经验者与被认知的对象、经验的对立、精神和物质的对立的观点值得特别重视。实用主义者认为，"经验"既不是主观的，也不是客观的，而是超越物质和精神的对立的"纯粹经验"或"原始经验"；"经验"既包括一切"主观"的东西，也包括一切"客观"的东西，它本身没有动作与材料、主观和客观的原则区别和对立；"经验"是"原始"性的。物质和精神都是对原始经验进行反省分析的产物，主体和对象、经验和自然是统一的经验整体中不同的方面，它们之被认为是脱离经验而独立且对立地存在着是由二元对立的形而上学思维造成的。

　　依照实用主义的概念思考，人同环境交互作用所形成的经验，不是单纯的命题性的知识，而是活动的、实验的、创造性的、由现在延伸至未来的操作知识的展开，是践行过去的信念、更新现有信念、构建未来信念和更好体验的行动过程。

　　强调实践在认识中的突出作用的实践哲学也看到了，在行动中，认识者的主观与客观统一起来，主观见诸客观的重要性。在实践之中，不仅主观认识得到了客观检验，认识者更在行动中获得了操作的知识，在实践中做更深远探索的能力。

　　传统的真理符合论形而上学地设想主观信念与客观事实相符合，但忽略了这两个并没有主体性质的方面"知识"和"世界"如何"相""符合"的问题。照波普的概念，我们的认识成果属于世界 III 即客观精神世界，而客观物质世界则属于世界 I，我们的主观精神世界则是世界 II。撇开世界 II，世界 III 与世界 I 无从彼此"符合"或者"不符合"。只有当我们的主观精神介入其中，就我们的信念以外部事实为据在行动之中进行检验，才能做出"符合"或"不符合"的判断。因而，行动是主观与客观相互鉴照的过程，这过程对已有信念的确实与否实现了检验。

实用主义试图以"经验"消弭二元对立的思想及其造成的种种困扰之所以值得重视，就在于它在尝试某种一致性和整体性的思想。事实上，在认识者同时作为行动者的"我的世界"里有各种层次的整体性和统一性。

"已有认识成果"不仅是"知识库"中的成果，也有行动者从行动之中获得的经验所得，甚至行动者对世界的运行原理的大胆推想、就整个宇宙的奇思妙想和就人生与未来的远大理想。在行动中检验这个"信念系统"不是一个简单的"比照"和检验的过程，而需要认识者去行动、去探险、去开发自身的潜质。

人类已有的认识成果呈现了完全不同方向的志趣和策略。通过感官知觉经验，从外部获得关于这个世界的"真理"的策略重视直接的感官知觉经验的确实性认准了经验主义的选择，而理性主义则更重视人的内在一致性和自明的必然真理。这两种策略如果统一起来，最好的方式也许并非逻辑实证主义所设想的那样，在理论层次重视理性和逻辑，在经验层次强调感官知觉的确实性，通过证实和逻辑确保科学知识的可靠性。行动者，而不仅仅是行动的整体性和统一性是更加重要的，尝试在"行动者"的整体性和统一性之上面对已有的所有信念，践行之，检验之，探求之。实用主义偏好"经验"的整体特性暗示了某种方向，而禅宗的认识策略则意味着更加广阔和宏大的整体性和一致性。伟大的行动者是在向世界远处和向内心深处探索的行动中检验所有的信念、获至真正伟大的智慧。

第三节　操作知识向命题知识转化

行动的知识，是可以传授给其他人的。在言传身教之中，一个有经验的工匠作为师傅能够教会一群新人作为工匠的操作技能。这是工厂、农村、矿山相关专业的操作知识传授的方式。这样通过示范、模仿和练习实现的操作能力的和生活经验的传递仅限于个体之间直接交流（或类似方式实现的演示与效仿），在示范、模仿、演练中让学习者习得操作的机巧。个体间生存经验与行为方式的传递在动物界也存在。如捕猎动物的幼崽能够从群体中的成体身上学习捕食机巧，学会相互配合围捕猎物的"策略"和"战术"。但这些行为模式和整体配合的都是在具体情景和亲身参与中逐渐习得的。直接的观察、行动、嬉戏中这类"操作的知识"在个体之间，在个体与群期间传播。只有当操作的知识可以被某种语言符号记录下来的时候，这种知识才从行动中被剥离出来。语言文字可以跨地域传播，可以跨年代流传。个体的操作机巧，由此成了种族智慧累积成长的要素。

个人尝试应对新的对象和环境获得的新成果、新方法（以及经验和教训）又可以转化成为新的"命题性的知识"进入公共知识库。

科学中的假说或理论的产生被有些流派当作是归纳累积所得（逻辑实证主义），照这样的学说，只要时间足够长、归纳足够多的观察实验素材，就能够从观察和实验中找到自然规律。这种观点可以是可接受的，只在科学家的假说或理论是把他的操作知识书写进他的学说之中的情况下是成立的。但我们知道，科学中的假说或理论并不全是科学家的操作的知识的书写形式或者教科书形式。科学假说的建构需要掌握足够多的科学事实，需要细致入微的观察和测量掌握关于研究对象的足够精准的细节，更需要丰富的想象力和领悟力，不然就会因为缺乏创造力和新颖性而不具有准确的描述性、足够广泛的解释性和深刻的预测性。因此，在行动中操作知识向命题知识的转化需要兼具可靠的实证性（即科学基于观察事实和实验结果）和鲜活的创造性（即科学家说中充满天才的想象和精妙的构思，而且与科学事实绝妙吻合，描述性、解释力和预测力俱佳）。考虑信念、愿望、行动及其与公共知识库的关系之后，先前的图8-1可以做如下调整，即增加公共知识（信念）库单元并与认知系统的学习机制互动。同时增加行动结果经行动评价后一方面行动结果评价进入自身信念系统，另一方面经认知系统向公共知识（信念）库贡献新知识（信念），如图9-1所示。

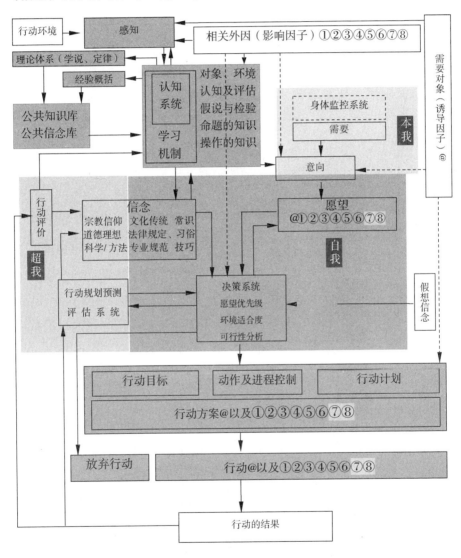

图9-1 信念、愿望、行动及公共知识（信念）库之间的关系

本章小结

  行动在认识中的作用并非作为认识的终结。行动践行了信念，检验了信念，更使认识活动持续深入展开。行动践行信念不仅是根据信念的指导评估行动的可行性、制定行动方案（行动目标、行动计划、动作及进程控制等）并实施行动，它还使行动者在行动中将命题性的知识转化为操作的知识。在风险评估后认为行动不具备现实性而放弃行动或者因依照训诫而取消行动，行动依然受信念指导。高阶信念的重要性和更高的决策权重让行动更多地受高阶信念支配。在受胁、潜击等行动类型中，由于外来胁迫和重要使命强烈影响了行动者的高阶信念，这些在高阶信念指导下实施的行动似乎与观察者能够了解的信念之间不一致甚至完全相反，原因在于特定情景下的高阶信念的行动导向作用令其信念与行动之间的一致性不像通常情况下那样显而易见。解释这种表面上的"不一致"，需要了解关键的高阶信念及其对行动的指导作用。行动践行信念包括依照信念指导使行动得以实施，也包括在信念指导下根据评估结果或者禁止性信念取消或暂停行动。

  行动依据已有认知成果实施的结果是对已有认识成果正确性的检验。有些成果继续有效，它们将导致成功。有些成果面对新的对象和处境并不完全适用，这些成果就需要修正和完善。有些成果并不能很好描述新的现象，难于对现象做出令人满意的解释，更难于对未观察到的新现象有所预见。这样的"成果"将逐渐在行动应用中淡出。在应用和检验已有认识成果过程中，整体性和统一性的视角十分重要。形而上学方法留下的许多问题和疑惑，要靠对整体性和一致性的寻求来加以解决。

  行动是行动者受到公共知识库的滋养，获得操作知识，学会应对生存环境的技能和策略的过程，也是他将自己的行动知识命题化为"命题的知识"的重要过程。这种创造知识并向公共知识库贡献新知的知识生产是求知者对社会以致整个人类做出贡献的重要方式。行动者向公共知识库贡献的成果，既有经验的概括总结，也有系统的理论知识。

从行动践行信念、行动检验认识成果以及行动创造并贡献新知等方面我们可以清楚发现，行动使认识不断持续深入下去。

我们就是"我的世界"拥有的"基本信念"存在的差异使得不同的人、同一个人在不同认识层次上实际上拥有不同掖识使命。日常生活经验可以见证的"世界"、科学实验可以检验的"世界"、先知启示的"世界"、灵魂不灭的"世界"、佛家的三千大世界……人们实际上生活在千差万别的各自的"我的世界"。"世界"的样貌、检验其存在的标准、描述其存在的术语和理论、预测其未来的陈述、人类拥有的可分享的知识、认定这些知识的标准、方法乃至作为其基础的本体论设定……实际上是一个相互影响的整体。这一整体与"世界"整体的完全合一才完成全足的智识。人性唯有获得这样的完整的智识才可以称作是完全实现的。

跋

　　信念的认识作用在认知科学和人工智能领域获得了新的视角。在经过框架上的反复调整和内容上的一再修改之后，本书仍回到信念、认知、行动这一主线上来，尤其是行动在信念认识论中的地位得到了提升。在需要、意向、愿望、信念、行动、愿望目标实现、行动评价、新信念形成……这一线索之外，感知、观念、态度、认知系统、信念、辩护、知识、真理这一传统知识论线索也得到了进一步的阐述。关于"相信与怀疑的不对称关系"，虽然主要观点已经得到表述，但未尽之言犹存。

　　通过信念为主轴的认识论，其实最主要的目标是通过"信念—行动—新信念—新行动……"不断上升的推进来重新描述人的认识过程。在个体的行动之中，在操作的知识范围内，人类个体认识着他自己的世界、实践着他自己的人生。他有活的知识——实际行动中的操作知识，这种知识可以转化成为能够间接和隔代传授给他人的命题的知识，并进入公共知识库。他人的行动可以被观察并解读成有目的、有计划的行动（表现）以及支配这些行动的信念。支配行动的信念可以是最简单的个人行动的内在依据，在"简单行动"中如此；也可以是对他人稳定性格特征和个人风格的"角色"解读，演员们可以凭借对角色信念的解读，让角色的信念"附身"，从而在"表演行动"中真切地复现角色的逼真形象。如果观察他人行动，把握其"信念—行动"关联时选择间谍作为对象，那么，行动的观察能够在常人身上有效加以描述的内容，在这种情况下就可能不适用。除非把间谍最核心的高阶真实信念解读出来，我们在外在表现上所做的观察，与这些表现背后的真实信念之间的关系会因"潜击行动"的极端特殊性而被系统扭曲。"信念—行动"之间的关系是复杂且多层次的。

反身性关系在"相信与怀疑的不对称性关系"中分别体现在"相信相信者自身"与"怀疑怀疑者自身"的情形中。认知者在思考、言说与行动中，分别在三个层次上与自身、与他人、与世界相互关联。在体验层次，他以身体为基础，在感知与体验中检视"自身""浮现的印象和观念""来自感官知觉的觉受"；在叙事层次，他通过语言与自身或与他人对话，在语言中检视存在于语言中的"世界"，透过语言检视外在于我的"非我世界"；在行动层次，他与环境通过动作及其后果互动，既在"需要—愿望—信念—行动—愿望满足"的循环中获得继续行动的内驱力，也在行动中获得了"操作的知识"。操作的知识与公共知识库的交流在这一阶段就成为认知者对公共知识库的贡献。相形之下，幼年阶段的学习正是从公共知识库将命题的知识转化成我们的信念和行动的指导原则。而将公共知识库的命题知识活用为我们的实践能力，就是习得"操作知识"的历练。

正是基于上述考虑，在信念认识论中，信念不仅仅作为行动指导原则显得它是重要的，在它与行动在人的实际生命中相互影响、相互生成还孕育了得自操作知识、输入公共知识库的知识成果，这一点尤其揭示了信念在认识中的特殊重要性。

喻佑斌

二〇一九年五月十八日　北京　海淀

图片索引

表格索引

参考文献

中文专著

1. 洪谦. 现代西方哲学论著选辑 [M]. 北京：商务印书馆，1983：39，179，183，184.

2. 刘小枫. 20 世纪西方宗教哲学文选 [M]. 上海：上海三联书店，1991：522.

3. 高新民. 现代心灵哲学 [M]. 武汉：武汉出版社，1996：338.

中文译著

1. T · S · 库恩. 科学革命的结构 [M]. 金吾伦，胡新和，译. 上海：上海科技出版社，1980：8，111.

2. C. G. 亨普尔. 自然科学的哲学 [M]. 张华夏等，译. 北京：三联书店出版，1983：198.

3. 休谟. 人性论 [M]. 关文运，译. 北京：商务印书馆，1983：111，112，113 – 114，115，117 – 118，122，123，126.

4. K · R · 波普. 科学发现的逻辑 [M]. 查汝强，邱仁宗，译. 北京：科学出版社，1986：X 页（英文版第一版序言）.

5. K · R · 波普. 猜想与反驳 [M]. 傅季重等，译. 上海：上海译文出版社，1986：317，318，347.

6. K·R·波普. 客观知识 [M]. 舒炜光等, 译. 上海: 上海译文出版社, 1987: 270.

7. I·拉卡托斯, 马斯格雷夫. 批评与知识的增长 [M]. 周寄中, 译. 北京: 华夏出版社, 1987: 250, 315.

8. 吉尔伯特·赖尔. 心的概念 [M]. 刘建荣, 译. 上海: 上海译文出版社, 1988: 126, 139.

9. 史蒂芬·巴克尔. 数学哲学 [M]. 韩光焘, 译. 生活·读书·新知三联书店, 1989: 47.

10. 玛丽·乔·梅多, 理查德·德·卡霍. 宗教心理学——个人生活中的宗教 [M]. 陈麟书等译, 成都: 四川人民出版社, 1990: 187, 295.

11. 康德. 纯粹理性批判 [M]. 韦卓民, 译. 武汉: 华中师范大学出版社, 1991: 675, 677, 679.

12. 维特根斯坦. 哲学研究 [M]. 李步楼, 译. 北京: 商务印书馆, 1996: 205 §481.

英文原著

1. Charles Sanders Peirce. *Collected Papers of Charles Sanders Peirce* [M]. Harvard University Press, 1931: Volume 1: 121, 653. Volume 2: 729. Volume 5: 384, 378, 211, 565, 589.

2. Ludwig Wittgenstein. *On Certainty* [M]. Blackwell, Oxford, 1969. §10. §41. §94 – 95. §95. 102. §175. §204. §243. §272. §358. §401, 402. §404.

3. John K. Roth (Ed.). *The moral philosophy of William James*. New York: Crowell, 1969: 209.

4. Paul Edwards, Editor in Chief. *The Encyclopedia of Philosophy* [M]. Macmillan Publishing Co. , Inc. & The Free Press New York, London: Col-

lier Macmillan Publishers Reprint Edition 1972: 346.

5. William James *The will to believe and other essays in popular philoso-phy*, New York: McKay, 1897: 212 – 213.

6. Erik H Erikson *Childhood and society.* New York: Norton, 1963: 250 – 251.

7. J. Locke. *Essay Concerning Human Understanding* [M] . London: T. Tegg and Son, 1836: Book 4, Ch. 1, Sec. 2.

8. P. Smith, O. R. Jones. *An Introduction to the Philosophy of Mind* [M] . Cambridge University Press. 1986: 155 – 157, 160 – 161, 174 – 175.